一读就上瘾的心理学

有书 编著

天地出版社 | TIANDI PRESS

图书在版编目（CIP）数据

一读就上瘾的心理学 / 有书编著. —成都：天地
出版社，2023.6（2025.9重印）
ISBN 978-7-5455-7576-7

Ⅰ.①一… Ⅱ.①有… Ⅲ.①心理学—通俗读物
Ⅳ.①B84-49

中国国家版本馆CIP数据核字（2023）第012744号

YI DU JIU SHANGYIN DE XINLIXUE
一读就上瘾的心理学

出 品 人	杨　政
编　　著	有　书
责任编辑	王　絮　高　晶
责任校对	张月静
封面插图	匆　匆
封面设计	仙境文化
内文排版	麦莫瑞文化
责任印制	王学锋

出版发行 天地出版社
（成都市锦江区三色路238号 邮政编码：610023）
（北京市方庄芳群园3区3号 邮政编码：100078）
网　　址 http://www.tiandiph.com
电子邮箱 tianditg@163.com
经　　销 新华文轩出版传媒股份有限公司

印　　刷	天津鸿景印刷有限公司
版　　次	2023年6月第1版
印　　次	2025年9月第11次印刷
开　　本	880mm×1230mm　1/32
印　　张	10.5
字　　数	235千字
定　　价	52.00元
书　　号	ISBN 978-7-5455-7576-7

序 言
PREFACE

　　如今，大众对心理健康的重视程度和对心理学知识的好奇心逐年高涨，对心理调整和心理疗愈的意识也在日渐苏醒。面对晦涩难懂的心理学知识很多人仍会露出迷茫、困惑的表情。

　　或许是因为心理学书籍满是专业名词，读者读起来觉得太枯燥；又或许是因为心理学流派众多，读者不知该从何处着手，这才使得大家对心理学书籍望而却步。基于这样的现实，我们撰写了这本《一读就上瘾的心理学》。这本书是写给大众的心理学干货知识集锦，也是心理学良好的入门读物。

　　本书以3个维度串联起48个心理学知识，语言风趣幽默，案例通俗易懂，话题与现实紧密相关。即便是没学过心理学的读者，也能通过本书获得大量心理学知识，实现个体观照、自我疗愈。

美国心理学家E.C.托尔曼在《白鼠和人的认知地图》一文中提出了"认知地图"的概念。我们在生活中看到某个地区的地图，便会对该地区产生整体性的了解，至于该地区的细节部分，则不一定会深究。

本书便起到了一个"认知地图"的作用。大众通过阅读本书，可以对心理学领域的关键知识点有所了解。这种宏观性的了解有助于读者迅速了解心理学，而更细致、更深入的课题研究则是构筑在这种对心理学基础知识的把控之上的。也就是说，我们唯有先带着兴趣阅读本书，沉浸其中，才能进一步了解、学习心理学领域更艰深的知识。

本书涉及的内容大多是心理学领域基础、实用的知识，阅读本书，读者可以在短时间内获取大量的信息，从而节省许多时间。

需要说明的是，这并不是一本传统意义上的心理学教科书，更像是一本案例分析参考指南。本书在心理学专业知识的基础上，以讲故事的形式为大家科普心理学知识，这样一来，阅读变得轻松有趣，读者在不知不觉中就掌握了心理学的基础知识，在一点一滴中积累起与现实人生紧密相关的关键心理学理论。

本书清晰而生动地展现了一场心理学知识的"探宝之旅"，

你会在每个章节发现有趣的知识点，进而体会到心理学在现实生活中的妙用。

衷心希望每一位翻开这本书的朋友都能有所收获。如果你认认真真地读完了这本书，那么恭喜你，你将获得不限于以下几个方面的能力。

一、心理调适能力。在令人焦灼的现实面前，我们每个人都需要掌握一些心理学知识，以应对在现实生活中产生的心理问题。同时，我们还应该意识到，不仅要了解心理学知识，更要学会将其运用到现实生活中。当你翻开本书仔细阅读，就能找到答案，并获得随之而来的安全感和幸福感。

或许有些人会认为，遇到心理问题去找心理医生就好。然而，我们与其把疗愈心灵的希望完全寄托在外部，倒不如学着成为自己的"良医"。这就好比，我们去水上游玩要随身带好救生圈，防患于未然，而不是把全部希望寄托在救生员身上。

比如，书中提到了英国心理学家P.撒盖提出的"手表效应"，这一心理学知识正好可以帮助读者精简生活和工作中的目标，从而避免陷入迷茫、无序的状态。再比如，书中讲到"晕轮效应"会使人以偏概全，在刚接触到这个概念时，相信很多读者朋友都会一头雾水。但我们通过阅读书中的案例分析之后便会知道，所谓的"晕轮效应"，其实与人的认知和判断有关。我们只有对这些心理效应有所了解，才能不断提升自己的心理调适能力，活得更加自在。

二、客观认识自我以及明确自我真实需求的能力。当处在人生中的不同阶段，每个人都难免会感到迷茫、无助和困惑。但当我们学习了心理学知识，懂得如何分辨真实的需求和虚假的欲望时，我们便能把当下和未来的人生之路看得更清晰。通俗地说，深入学习心理学知识，我们便多了一种自救方式。

三、持续获得智慧的能力。在心理成长的道路上，没有人可以代替我们前行，但是我们可以以书为师，用知识武装头脑，用智慧加持人生。正如美国心理学教授大卫·R.霍金斯所说：每个人都有着不同的心理"能量层级"，我们要做的就是持续提升自己的能量层级。这不仅需要知识，更需要智慧。

除了这本《一读就上瘾的心理学》，我们后续还会出版关于哲学、经济学等领域的入门通识读物。尽管这套通识读物不讲求知识的深奥，但可以展现出每一门学科有趣、有用的一面，定能引起大众对这些学科的兴趣。在求知路上，只有兴趣才是我们最好的老师。如果每个人都带着热情以及强烈的求知欲去获取自己所需的知识，那么我们的生活必将更加幸福，社会也必将更加文明。如果读者能够通过这套书开始自发地研究某一门学科——哪怕只是其中某些知识点，进而丰富内心，开启智慧，那便足够了。这也正是有书君的写作初衷。

目 录
CONTENTS

 亲密关系

个人成长

3 PART　人际关系

PART

亲密关系

　　好的亲密关系不是两个完美的人在一起，
而是两个都有缺点的人会用包容的眼光欣赏并
不完美的彼此。

第一节

令人心动的"吊桥效应"

爱情总是神秘莫测,让人难以捉摸,但它可以用心理学来解释。今天有书君就跟大家分享一个关于爱情的心理学效应——"吊桥效应",希望大家读完后能够轻松识别对方是真的爱你还是在套路你。

设想一下,某天你走在街上,自己的包突然被小偷抢走了。你惊慌失措,大喊:"抓小偷!"这时,一个小伙子奋勇上前制服了小偷,帮你拿回了被抢的包,在这种情境下你对这个小伙子很可能会非常有好感。

再比如,你们公司团建时选择去鬼屋探险。胆小的你被吓到"灵魂出窍",这时一个男同事拉住了你,告诉你:"别怕,那都是假的。"你像抓住救命稻草一样紧紧抓住他的胳膊,逃出鬼屋之后,爱情很可能悄然降临。

这两个生活场景的背后,都隐藏着一个著名的心理学效应——吊桥效应。

2008年5月12日14时28分，汶川。毫无征兆，灾难降临。天旋地转，万物倾覆。等人们反应过来时，眼前已是一片废墟。地震发生时，在汶川旅游的22岁河南女孩沙鸥正和朋友在饭店吃饭，她被眼前的一幕吓傻了，于是赶紧躲到了桌子下。此时旁边的墙体开裂，整面墙逐渐倾倒……她害怕到了极点！

突然，一双大手将她一把抱起，然后快速往楼下跑去。被抱起时沙鸥看了一眼这个人，心里也像遭遇了地震一般。安全下楼后，这个救她的男人让她快跑，转身又上楼救人去了。但沙鸥没有跑，她一直在楼下等着救她的男人回来。

救她的男人叫巴帅，比沙鸥大十几岁，在这过命的恩情里，爱情悄然来临了。和很多浪漫故事的情节一样，两人最终幸福地走到了一起。从恋人到夫妻，如今他们已经儿女双全。这样的故事在影视剧里非常常见：英雄救美，美人以身相许，在危难中擦出爱的火花，自此演绎一段佳话。这个故事同样暗含了吊桥效应。

吊桥效应是指，当一个人提心吊胆过吊桥时，会不由自主地心跳加快。此时如果有一位异性出现，他（她）会误以为自己心跳加快是因为这个人，从而对其产生感情。

为了验证吊桥效应，心理学家专门做了一个实验。参与实验的是一群男大学生，实验内容是他们要根据给的图片编一个故事，并完成漂亮女助手提供的调查问卷。只是他们参与实验的地点有所不同：第一组在安静的公园，第二组在低矮稳固的石桥上，第三组在危险的吊桥上。实验结束后，那位漂亮的女助手会留下电话。

最终心理学家发现，在危险的吊桥上参与实验的一组，打电话给漂亮女助手的人数是最多的。明明是危险的吊桥使他们心跳加速，但他们误以为是漂亮女助手的魅力所致，从而对美女产生了好感。

为什么会这样呢？

20世纪60年代，美国心理学家沙赫特提出了"两因素情绪理论"。他认为，对特定的情绪来说，两个因素必不可少：一、个体必须体验到高度生理唤醒；二、个体必须对生理状态的变化进行认知唤醒。

那么如何区分自己爱上的是对方那个人还是那种心跳的感觉呢？给你两个心理学建议。

1. 不在感情最浓烈时做决定，不被一时的冲动裹挟。

"股神"巴菲特一生做过无数次重要的决定，但他在一次采访中肯定地说道："人生最重要的决定是跟什么人结婚。"因此，在面对人生中最重要的决定时一定要慎重，很多人在感情最浓烈时做出"非他不嫁""非她不娶"的决定，其实是盲目的。这时你应该冷静下来，努力让自己站在客观的立场去考查对方，思考你们的感情是否受到吊桥效应的影响。你需要确定自己到底爱的是他这个人，还是特殊情境使你误认为你很爱他。

2. 考查一个人，要看和他相处的琐碎日常。

如果你是一位女生，不要轻易被那些半夜给你点外卖、生理期给你冲红糖水的男生打动。在你脆弱无助时，吊桥效应很容易发挥作用，让你对他死心塌地，而这也是坏男人很容易伪装出来的。你真正需要考查的是他的谈吐修养，以及他掌控自己情绪和人生方向的能力。

不论男女，如果我们真的爱上了一个人，那一定要学会利用吊桥效应积极的一面为自己的感情助力！给你们两个心理锦囊，巧用吊桥效应为你们的感情升温。

1. 多利用特殊环境制造吊桥效应。

结婚时间一长，生活就容易失去激情，为了让感情恢复活力，建议你们在每天单调重复的生活中多安排一些在特殊环境下的约会。比如在灯光昏暗的环境中约会。灯光昏暗的环境容易引起人的心理起伏，朦胧的视线会给人内心带来不确定感，而这种不确定感容易进一步导致人产生失控感。

失控感是人惧怕的，因为每个人都有掌控自己、掌控环境的心理需求，所以当失控感产生时，人们更容易对对方产生感情。

2. 多参与激发生理唤醒的活动。

根据吊桥效应的提示，任何生理上的"激活"都更容易令人心动。你们可以在周末或假期一起做一些紧张刺激的活动，比如一起看恐怖电影、坐过山车、蹦极、去摇滚音乐会现场，甚至一起去野外探险。这些都可以激发情绪体验，增进两人的感情。

不可否认，吊桥效应可以是感情的催化剂，让暗恋的人对你怦然心动；也可以是婚姻的增温剂，让双方在平淡的生活中找回激情。这里我想说，感情的长久和美满，除了激情和心动，更重要的还是靠平淡生活中的点滴付出，清晨你递给我一杯水，晚上我为归来的你亮起一盏灯。

愿你们最终活成彼此疲惫生活中的英雄，愿你们携手此生终不悔！

第二节

警惕婚姻中的"幸福递减定律"

2020年12月,周迅和高圣远离婚的消息让不少网友感到遗憾。

2014年,高圣远在亲朋好友的见证下向周迅求婚,女方甜蜜回应:"我愿意!"高圣远告诉所有人,是爱让两个人走到了一起,未来会一直爱"周公子"。周迅也激动地回应:"我在电影里演了几次新娘,宣过几次誓言,今天晚上,终于有个周迅版本的誓言了。"

就在周迅官宣离婚当天,经歌手信的经纪人证实,信与交往17年的女友Weiwei已经分手。之前,信在网络上晒出和女友一起旅行、一起见朋友的照片,两人看上去非常幸福。信还买了婚房。本以为好事将近,但谁也没想到,17年的恋情就这样戛然而止,让网友备感惋惜。

或离婚或分手的感情,让"婚姻之痒"再度成为微博热议的话题。很多网友留言诉说心声："爱人变了，没以前那么知冷知热、无微不至了。""我喊他干活他嫌累，别人叫他出去喝酒，他立刻满血复活。""结婚前，他对我很体贴，现在却总在喋喋不休地数落我。"更有人说："别说三年五年了，一年都不容易，日子太平淡了，根本感觉不到爱和幸福。"

当初爱得轰轰烈烈，为什么现在感情淡了呢？是生活中的琐事太多，才使感情慢慢变淡了吗？

一个人在不同状态下，体验到的幸福感是不一样的。

我曾听过这样一个故事。一个年轻人迷失在沙漠里，已经三天三夜没吃东西了，饥饿至极。这时他很幸运地遇到了一个路人。路人给了他一块面包，年轻人边吃边感慨："这是世界上最好吃的面包！"吃完后，路人给了他第二块面包，年轻人开心地吃着，脸上洋溢着幸福的满足感。之后，路人给了他第三块、第四块面包，原本饥肠辘辘的年轻人接过面包时竟然露出十分痛苦的表情。

为什么年轻人得到的面包数量不断增加，幸福感却在不断减少呢？因为第一块面包最能缓解他的饥饿，给他带来的幸福感也是最多的。婚姻也是类似的道理。

闺密和她老公结婚前，两个人收入都不高，不敢有大的花销。她老公，也就是当时的男友，想向她求婚，却买不起钻戒，于是用草绳编了一枚草戒指。当男友拿着这枚草戒指向闺密求婚时，闺密觉得幸福极了。

多年后，两人步入中年，生活变得富有。闺密老公给她买了钻戒，可闺密却感受不到当初那样浓烈的幸福了。这是为什么呢？

心理学中有个著名的"幸福递减定律"，指的是我们从物质中获得的幸福感和满足感会随着物质享受的增多而减少。当我们贫穷时，一顿丰盛的大餐就能满足我们对幸福的期待；当我们渐渐变得富裕时，再大的钻戒、再大的屋子，都不能让我们觉得幸福。当我们孤单时，有人给予关心和陪伴，我们就会觉得特别温馨；当我们渐渐习惯了婚姻里的温暖，就会对其视而不见，觉得自己还不够幸福。

幸福递减定律告诉我们：在婚姻里，我们的状态不同，体验到的幸福感也不同。

不幸福的婚姻，源自你内心的变化。

林肯曾说："对大多数人来说，他们认定自己有多幸福，就有多幸福。"幸福与否，往往不在于婚姻本身，而在于我们看待婚姻的心态。

1. 不合理的期待是婚姻的障碍。

法国哲学家丰特奈尔说："幸福的最大障碍就是期待过多的幸福。"

恰当的期待是维系婚姻的润滑剂，过高的期待则会让双方都痛苦不堪。一次，伊能静在节目中坦陈自己和前夫哈林婚姻失败的原因。伊能静从小父母离异，缺乏父爱，因此在感情中极度缺乏安全感，渴望被照顾、被保护。和哈林结婚后，她更是把生活重心放在哈林身上，渴望自己在原生家庭中受到的亏欠能够在婚姻中得到弥补。

后来，她觉得把追求幸福生活的压力都放在哈林身上，对哈林来说是不公平的。于是，伊能静决定结束这段不合时宜的婚姻。

有人说，婚姻有爱就有期待，而有期待就会有破灭。其实，很多人抱怨婚姻不幸福，未必是真的不幸福，而是他们对幸福的定义和期待超出了现实——既要求对方有时间照顾他们的情绪，又要求对方能够赚钱养家；既要求对方有时间带娃做家务，还要求对方能够在事业上帮助他们。他们想要的越来越多，失望也就越来越多，幸福感也就越来越低。

2. 婚姻一旦被嫌弃填满，就失去了存储幸福的空间。

所谓"情人眼里出西施"。相爱之初，我们对另一半都充满欣赏和崇拜。可一旦步入婚姻，两个人共同生活在狭小的空间里，所有的缺点和矛盾都会暴露出来。当初对另一半的欣赏，现在很容易变成嫌弃。当我们的内心被嫌弃持续占据时，就没有存储幸福的空间了。

在纪录片《依然爱你》中有这样一对老夫妻。虽然两人风雨同舟五十载，但也曾陷入婚姻危机，彼此嫌弃。一方抱怨对方没有当初那么善解人意，另一方埋怨对方再也不像婚姻之初那样主动做家务了。

后来有朋友问他俩最初是怎样被对方吸引的。妻子说："我爱他浅色的眼睛。"丈夫说："我爱她动人的笑容。"妻子想起丈夫对自己的宠爱和陪伴，丈夫回忆起妻子对自己的包容和体贴。两人回想起相识之初的甜蜜过往，婚姻关系也渐渐缓和。

婚姻一旦被嫌弃填满，就失去了存储幸福的空间。给心灵腾出彼此欣赏的空间，我们才能感知到幸福。

周国平曾说："幸福是一种能力。"没有从一开始就注定幸福的婚姻，两个人愿意用心经营，才能从婚姻中获得幸福。

如果你渐渐感到婚姻不幸福，不妨从以下几个方面试试，给婚姻新的机会。

1. 别给幸福贴标签。

你觉得幸福的婚姻应该是什么样的？是两个人每天说着情话、亲吻拥抱？还是随着时间的推移，一定要有更大的房子、更豪华的车子？或许，都不是。

网络上有一个很火、很温馨的视频。视频中，夫妻二人在自己经营的小店内手舞足蹈，互相配合表演，画面非常可爱。两人已经结婚九年，生活不算富裕。劳累一天，两人用特有的方式放松心情，让我们看到了纯真的爱情。

婚姻从来没有固定的样子，幸福也不是给别人看的，找到适合彼此的相处模式，幸福才会如期而至。

2. 减少对对方的期待，向内寻找幸福感。

电影《实习生》里的女主角朱尔斯是一位女强人，丈夫负责照顾孩子，生活一切都很美好。可是，渐渐地，朱尔斯感受不到婚姻的幸福了。婚姻开始亮起红灯。

公司一位长者以过来人的经验告诉她，离婚不是好的选择，她应该学着做一位好母亲，幸福要靠自己去维系。女强人尝试改变自己，学着做贤妻良母。她把更多时间用在陪伴孩子上，亲自接送孩子，照顾孩子的饮食起居。在这个过程中，她体会到了前所未有的快乐。丈夫看到了她的改变，两人也重归于好。

瑞士心理学家卡尔·荣格说："向外看的人，做着梦；向内看的人，清醒着。"当另一半不能满足我们对幸福的需求时，向内寻求幸福感才是明智之举。当我们能够主动追寻幸福，做出调整和改变时，对方才能给予积极回应，才会触发双向幸福。

3. 保持对微小幸福的敏感。

法国艺术家罗丹说："生活中不缺少美，而是缺少发现美的眼睛。"其实，婚姻中也不缺少幸福，只是缺少发现幸福的眼睛。或许爱情会随着时间的流逝渐渐被稀释，幸福也会因为矛盾的增多逐渐被消磨，但幸福也许从来没有减少，只是我们对幸福的敏感度降低了。

他在你生病时给你买药，帮你盖被子；你的家人遇到问题时，他放下手里的事情帮你一起解决；在你劳累一天之后，她能够为你沏一杯热茶；在你的事业陷入瓶颈期时，她能够用最真挚的话语鼓励你。这些微小的甜蜜就是平淡婚姻中的幸福。

幸福是每个微小愿望的达成。保持对微小幸福的敏感，才能时刻被幸福环绕。

蒋雯丽曾说："你一直都在幸福的婚姻里，可能不觉得什么叫幸福，正因为你体会过很多痛苦，有很多次失去，才领略了什么叫幸福。"当我们身处幸福中，总是对幸福视而不见；当幸福渐渐离去，我们才意识到婚姻的珍贵。这种现象值得我们反思。

第三节
如何把握亲密关系的尺度

电视剧《三十而已》中，童瑶扮演的顾佳堪称一位完美女性，可即便如此，她老公许幻山还是出轨了。更讽刺的是，许幻山出轨对象的智慧、长相和能力，都比不上顾佳。有网友说："真的不能理解，许幻山放着这么完美的妻子不要，偏要去招惹一个啥都不懂的小姑娘，简直没天理啊！"可现实的残酷就在于此。

顾佳说，做烟花生意每天都像坐在火药桶上。仔细一想，婚姻也一样。对婚姻而言，婚外情就像一颗防不胜防的炸弹，不到东窗事发的那一刻，你永远也猜不到伴侣会出于什么原因出轨。出轨有时无须理由，只在于出轨的那个人能否坚守自己对伴侣的承诺。

出轨总是始于没有界限的暧昧。

在公司，许幻山跟李可不清不楚。肚子饿了，许幻山心安理得地吃着李可亲手做的饭，还连连夸赞："味道还不错。"他还喜滋滋地接受李可投喂的橘子，为了保护她，甚至不惜得罪公司的大客户，末了还不忘安慰她。

他的种种行为不像是和下属正常相处的老板，更像是一个享受被小姑娘追的愣头青。如果顾佳没有及时出手，以他这种对女人不主动也不拒绝的态度，后续的发展可想而知。所以当他出差遇见手段更厉害的林有有时，很自然地就一步一步掉入了"回忆青春"的陷阱中。

林有有以找灵感为幌子，带许幻山排队买冰激凌，还毫无界限地吃了一口他的冰激凌，然后表现出毫不在意的样子，让许幻山回味无穷，暧昧氛围呼之欲出。分开后林有有又巴巴地给许幻山发烟花图片，末了还假装手滑，发了一张笑得极甜的自拍。

知道许幻山喜欢踢足球，她就故意把车停到足球场，还准备好了一个瘪气的足球刺激他。知道他因为血脂高不能吃晚餐，她就给他讲《第八日的蝉》，还不断给他发晚餐的照片，撩得他心里痒痒的。她假装开朗、单纯、活泼、不谙世事，却步步为营，一点点试探许幻山的底线，而他从未拒绝，一如之前对李可那样。作为一个30岁的已婚浪漫男人，他不会看不懂林有有这些行为背后的小心思，但他选择揣着明白装糊涂，因为他骨子里一直都在暗暗期待发生一些不一样的事情。就像林有有第一次见面时对他说的那句："喜欢玩火的人，其实想做一个坏孩子。"

武志红曾说："人们往往不会珍惜那些能够轻易得手的东西，而那些需要付出很多努力才能得到的东西，哪怕它本身价值并不怎么高，也会因为自己投入了很多情感和精力而变得珍贵起来。"显然，林有有深谙此理，所以她才能四两拨千斤地一点点瓦解顾佳拼尽全力在许幻山心中构建的婚姻堡垒。

出轨，向来有迹可循。

其实许幻山出轨早已埋下伏笔，就算没有林有有，一样会有李有有、朱有有或吴有有。作为一名烟花设计师，他充满理想主义，随遇而安，追求简单的幸福。大多时候他都是被顾佳推着往前走，但顾佳从没有给许幻山施加过压力，她总是凭一己之力把事情办妥之后再给许幻山惊喜。而许幻山呢，虽然每次嘴上反对，但最后还是优哉游哉地接受了顾佳的付出，顶多再补一句："老婆你真棒。"

顾佳是一位心智非常成熟的女性，在工作和生活中处处包容他、支持他。因此，许幻山一直就像个被母亲照顾得太周到的孩子，没有真正承担起作为丈夫和父亲的责任，所以无法真正理解他的成功和幸福有多难得。

在大部分婚外情案例中，出轨与性无关，而与寻求友谊、支持、理解、尊重、注意、关爱有关，而这些原本是婚姻应该提供的。曾有一项关于离婚的调查表明：80%的离异男女认为，他们婚姻破裂的原因是夫妻双方彼此逐渐疏远，丧失了亲密感，或是因为他们感受不到爱与欣赏。在这些调查者中，有20%~27%的夫妻认为产生婚外情的那一方需要对婚姻的破裂负责任。

回到许幻山和顾佳的婚姻上，虽然一切看起来很完美，但顾佳太过独立和强悍，她觉得自己应该为许幻山承担起一切责任，帮他把道路铺平，直接把他送到成功的大门口，而许幻山也习惯了这样的安排，习惯了顾佳送到手边的订单和资源。说到底，他们并没有真正了解过彼此，也从未建立过深层次的亲密关系。

真正的亲密关系应该允许彼此袒露自己的脆弱和无助，能够给彼此勇气做最好的自己。而顾佳和许幻山显然各自为政，虽然他俩看起来都在为家庭和公司努力，但他们从未真正心意相通。所以许幻山才会不由自主地沦陷在林有有充满崇拜的眼神里，而顾佳终究会觉得疲惫，决定不再拖着这样一个男人前行。

他俩关系的破裂与出轨有关，但出轨仅仅是导火索。事实上，没有任何一段关系是突然破裂的，二人总是一点点疏远，最终形同陌路。正如顾佳和许幻山，他们婚姻的结局从顾佳大包大揽而许幻山一味逃避开始，就已经注定。

顾佳和许幻山婚姻破裂揭示了婚姻中的一个真相：当你对一个人太好时，很可能在把他越推越远。人与人的相处需要保持一种微妙的供需平衡关系，一味付出的人会觉得委屈、心累，而一味接受的人也会觉得内疚、失落。一段稳定的关系中，两个人永远都需要被需要和被欣赏。

亲密关系的尺度该如何把控呢？

首先，要敢提要求，而不是默默忍受。很多女人抱怨："我老公就是个大爷，回家就躺着，什么事都不管。"殊不知，很多"大爷"都是被勤快的女人惯出来的。那些懂得撒娇、偷懒的女人，总有办法让丈夫和她一起做家务，而他们的感情也会因此变得更加深厚。

这是因为参与者和旁观者会有完全不同的感受和心态。作为旁观者，他会觉得一切都跟自己无关，更谈不上责任。而作为参与者，他会很在意自己的付出，所以会不由自主地投入更多的关注和责任感。因此，千万不要抱着"多一事不如少一事"的心态扛起一切，还不断埋怨对方不够体贴，这样只会让你们的关系更加糟糕。

好的亲密关系需要付出，但更需要懂得如何让对方承担起应当承担的责任，只有这样，他才会明白一切来之不易。

其次，多肯定对方，激发对方的潜能。好男人都是夸出来的，好女人也是如此。心理学认为，当你赞美某个人时，他会情不自禁地为了满足你的期待而变得更好；相反，当你一味地打击某个人时，他也会下意识地做出符合你期待的行为。或者说，别人对你的态度，有时是你内心期待的投射。

想要让对方变得更有责任心，你就必须相信他有能力处理好自己的事情。夫妻双方要帮助对方成长为更好的自己，共同推动日子越过越红火。

最后，要明确各自的家庭分工。周国平说："家太平凡了。再温馨的家也充满琐碎的重复，所以家庭生活是难以入诗的。"很多夫妻在吵架时都会抱怨："我为了这个家付出这么多，你怎么不领情？""满心付出却得不到回应"是很多人对伴侣寒心的重要原因之一。然而仔细想想，也许双方都付出了很多，只是在回忆时双方都会习惯性地高估自己的付出，结果自然很难达成一致，甚至越闹越凶。

所以，最好的解决办法是选一个合适的日子，双方心平气和地商定家庭分工——哪些是你擅长的，哪些是我擅长的，哪些是需要双方共同承担的。所有的事都要有明确的分工，然后各司其职，皆大欢喜。这样不仅避免了不必要的纷争，而且每个人都会更愿意为自己的主动选择承担责任。

经营婚姻很多时候并不是付出就会有回报，你在选择爱上一个人时，就给了他伤害你的权利。没有什么是永恒不变的，人心也总是善变的。好比一个人今天喜欢吃川菜，明天又爱上粤菜，不是因为菜不够好，而是因为口味变了。

我们无法控制他人的行为，唯一能做的就是保持重新上阵的能力和资本。婚姻中，我们既不要苛求自己做个100分的妻子，也不要奢求对方是个100分的丈夫，彼此能做80分夫妻，就已是最好的结局！如果双方都试图扮演完美夫妻，那么只会把彼此都累死。

最后切记，再爱一个人，也不要忘了爱自己，这不仅仅是在保护自己，更是经营感情的最佳法则。

第四节

巧用"爱情三元论"为婚姻保鲜

钱钟书在《围城》里说:"婚姻是一座围城,城外的人想进去,城里的人想出来。"

多少人没结婚时渴望婚姻,结婚后却很快厌倦。最近就有几位书友给笔者留言,表达了他们的困惑。

书友:抬头看天,女,33岁,结婚5年。

爱情?别闹了,我早就不知道爱情是什么滋味了。每天他都早出晚归,我则过着重复的日子:做饭、送孩子上学、接孩子回家……

过生日我没有鲜花、没有礼物,他给我发个红包就算是过了。我也说不出他哪里不好,总之日子过得像白开水,没有惊喜,也没有期待。我们俩一天都说不上几句话,他工作忙,我带孩子也很忙。我们的交集很少,没时间也没心思吵架。虽然日子没什么不顺心的，但这样无趣的婚姻让我感到疲惫、厌倦。

　　书友：杜杜，女，35岁，结婚2年。

　　都说三年之痒，可结婚两年我们就已经厌烦了现在的生活。以前我挺喜欢黏着他的，每次他出差，晚上我们都会煲很长时间的"电话粥"，可现在他出差我们只会发两种微信："到了吗？""到了。""什么时候的飞机？""下午两点。"

　　他变了很多，以前的温柔体贴没有了，对我的包容和谦让也没有了。我有洁癖，他根本不顾及我的感受，每天晚上不洗澡就上床睡觉，为此我们吵了很多次，我想不通洗个澡为什么就那么难？不过现在我们也不吵了，早就吵累了、吵烦了。

　　书友：就是这么牛，男，38岁，结婚7年。

　　结婚整整7年，我们好像还是没能走出磨合期。我们对孩子的教育理念不同，她是虎妈，我是猫爸。我希望给孩子快乐的童年，她想让孩子赢在起跑线。孩子考了90分，高高兴兴回家，我表扬孩子时，她却扔来一句："90分有什么好高兴的？为什么不看看那些95分、100分的？"孩子很伤心，我很生气。因为孩子教育的事，前几年我们争吵不断，真的很累。现在我们争吵少了，婚姻让我疲惫，私下我还是会用我的方式补偿孩子，给孩子打气。

这三位书友的故事颇具代表性。婚后几年，大部分夫妻都会对婚姻产生疲惫感。曾经的无话不谈没有了，曾经的甜蜜浪漫遁形了。大家熟悉到视而不见，彼此之间的交流越来越少，感情越来越淡。想离离不了，想亲近又亲近不了，成了很多人婚姻的常态。

心理学家曾做过一项调查。结果表明，婚后两年的夫妻情感体验比新婚时减少了50%以上，他们会感到无聊、疲倦，会为小事和分歧争吵。据统计，全世界范围内，婚后4年的离婚率是最高的。

这让我想起了电影《廊桥遗梦》的开头。一家人在一起吃早餐，平静且压抑，大家只顾着低头吃饭，没有任何交流。女主角弗朗西斯卡望着围桌而坐的三个人，毫无说话的欲望，无奈地将头转向一边，她的落寞与孤独尽显脸上。这是她的生活日常。

为什么婚姻走到后半程会让我们感到疲惫、厌倦？美国心理学家罗伯特·斯腾伯格曾提出过著名的爱情三元论，他认为爱情是由三大基础构成的：亲密、激情和承诺。亲密是两人感觉亲近、温馨的一种体验；激情是一种强烈地渴望与对方结合的状态；承诺则是做出维护爱情关系的允诺，包括对爱情的忠诚和责任心。

为什么刚恋爱的情侣恨不得24小时黏在一起？因为这时他们的爱情是以亲密和激情为主调的。但随着交往的深入，激情就会下降，关系的重点会慢慢转移到亲密和承诺，于是就少了心动的感觉。

情感短片《餐桌上的陌生人》中有一个片段。妻子问丈夫："你有没有听到什么声音？"丈夫略感奇怪地回答："有什么声音吗？"妻子伤心地回道："就是什么声音都没有，好安静！"

有这样一句名言："无回应之地，即是绝境。"加拿大心理治疗师克里斯多福·孟将这一阶段称为"幻灭"。在这个阶段，夫妻之间关于婚姻的美好想象破灭，二人不再如胶似漆、亲密无间，开始看到对方的诸多缺点，内心生出遗憾，对婚姻感到失望。

但只要爱情三元论中"承诺"一角不缺失，也就是夫妻双方都还对感情忠诚、对婚姻负责，婚姻的小船就不会说翻就翻。所以，不要怕对婚姻感到厌倦，婚姻能否继续，有一个标准能帮你做出判断：你们双方是否都真心希望这段婚姻向好的一面转变，你们对婚姻是否足够忠诚且有责任心。

怎么做才能顺利度过婚姻的疲倦期，让婚姻焕发新生呢？这里提供三个心理学建议。

1. 转变错误认知，纠正不合理的期待。

美国心理学家阿尔伯特·艾利斯曾提出理性情绪疗法，也就是著名的"情绪ABC理论"。该理论表示：你的情绪不是由某个客观事实决定的，而是由你对这件事的解读决定的。婚姻生活本就不可能一直激情满满，正所谓"平平淡淡才是真"。你如果一直抱持着"婚姻中应该充满惊喜，婚姻应该很浪漫"的想法，必然会对婚姻生活的平淡、琐碎而感到失望。你可能忽略了这些事实：他可能忘记了纪念日，却会在半夜给你盖好你踢掉的被子；他可能不再讲甜言蜜语，但可能在你忙碌了一整天后给你递上一杯热水。

2. 允许对方存在差异，改善沟通方式。

在《爱的五种能力》一书中，"允许"被作为爱的五种能力之一重点讲述。"允许"是一种能力，更是一种智慧。如果一个人不允许太阳东升西落，不允许夏天打雷下雨，我们一定会觉得他是傻子。但在婚姻中，不少人活成了这样的傻子。我们不接受对方经年累月形成的某些性格和习惯，并且强行要求对方改变，最终导致两败俱伤。

幸福的婚姻一定是两个人都可以舒舒服服地做自己。当然，并不是让你压抑自己的需求，而是让你用更科学的方式沟通。

"老公，我生日快到了，我希望你能给我准备生日礼物。""你居然忘了我的生日，你一点都不爱我！"你觉得哪种沟通更有效呢？

3. 为对方制造惊喜，不断为感情"储值"。

美国心理学家威拉德·哈利曾提出一个"情感银行"理论。他认为每个人心里都有一个"情感银行"。你们努力经营感情，呵护、关心对方，都是在往"情感银行"里"存钱"。当你们讽刺挖苦、冷落疏远对方，产生矛盾却不去解决，就是从"情感银行"里"取钱"。"情感银行"的"存款"不能只靠一方，你同样需要多给对方制造惊喜，多给予对方关心和疼爱，而不是一味索取，等待施与。

当你不断用正向的行为往"情感银行"里"存钱"，你就更有底气表达自己的需求，对方也会更有动力满足你的需求。

美国作家马克·吐温曾说："没有一个人会真正理解爱情，直到他们维持了四分之一个世纪以上的婚姻之后。"

我们的激情会被时间消磨，但我们的感情会因为时间的推移而变得更加深厚。而关键在于，我们能否一如既往地耐心呵护婚姻。加油吧，你的幸福掌握在自己手中！

第五节

婚姻中的"皮格马利翁效应"

回想一下，最近一周你对丈夫说过这样的话吗？

"你一个月就挣这么点工资，像个废物一样。""你怎么连地都擦不干净，这点家务都做不好！""你什么时候才能像我同事的老公一样，上下班接送孩子！"

另一半没有达到你的预期，你习惯碎碎念，看他做什么都不顺眼，甚至极力打压、暴跳如雷。有人说，最糟糕的婚姻关系就是一方对另一方进行指责和贬低。一份有温度的婚姻，需要温情的语言，更需要两颗互相欣赏、彼此接纳的心。

指责和贬低是婚姻的毒药。

电视剧《以家人之名》中凌霄的母亲陈婷，一度成为微博热搜人物。陈婷渴望富裕、舒适的生活，可她靠自己的能力无法获得那样的生活。于是她把所有不幸福的原因都归到丈夫身上，埋怨丈夫不能挣大钱，不能给她想要的生活；而丈夫则怪妻子爱慕虚荣。两人每天争吵不断。

一个骄横跋扈、口出恶言，一个要么忍气吞声，要么忍无可忍。

消极对立、互相指责的婚姻只会让彼此在压抑和失望中变得越来越冷漠。婚姻最忌讳的就是夫妻做彼此的"差评师"。试想一下，如果你被另一半数落和指责，是不是心情也会变得特别糟糕？埋怨和抱怨都是消极的心理暗示，会让另一半自我怀疑和自我贬低，让婚姻陷入负面循环之中。

被最亲密的人打压最让人忍受不了，也最伤自尊。久而久之，两人之间缺乏基本的沟通，感情也就越来越疏远了。

你在婚姻中期待什么，就会得到什么。

心理学中有一个概念叫"皮格马利翁效应"。皮格马利翁是希腊神话中的塞浦路斯国王。他性格孤僻，擅长雕刻，于是用象牙雕刻了一座满足他所有美好想象的女子雕像。时间一久，他竟然对这座雕像产生了爱慕之情。爱神阿佛洛狄忒被他打动，于是赐予雕像生命，并让他们结为夫妻。由此，人们把由期望产生实际效果的现象称作"皮格马利翁效应"，也称作"期待效应"。

　　在婚姻中，你期待怎样的婚姻就会得到怎样的婚姻。好伴侣都是夸出来的，要想让另一半更爱你，就要让他感受到被欣赏、被尊重，这样才能激发他的责任感和成就感。

　　综艺节目《做家务的男人们》中，袁弘对张歆艺十分宠溺，羡煞旁人。袁弘变着花样给张歆艺做美食，还时不时地夸赞"老婆非常漂亮"，还在她生日时召集朋友聚会，找人帮忙要到了张歆艺最喜欢的明星的签名照。

　　很多人都觉得张歆艺二婚嫁了一个好老公，是上辈子修来的福分。殊不知，好老公是张歆艺主动夸出来的。张歆艺在节目中分享了她的爱情保鲜秘籍：好男人是夸出来的，不是骂出来的。

　　吃到袁弘亲手做的饭菜，就算不太好吃，她也会满脸幸福地吃着，并夸赞老公的手艺；到了袁弘生日时，张歆艺虽然不喜欢老公骑摩托车，但还是给他买了他最喜欢的头盔；节目中，面对突然提出的问题，张歆艺随口就说出了老公的十个优点。张歆艺的鼓励和尊重换来了袁弘的宠溺和爱护。那些只有冷脸和嘲讽的婚姻只会成为两个人的围城。相互肯定、不吝表扬，才能筑成婚姻坚固的堡垒。

　　席慕蓉说："结婚不是从此只有两个人面对面，应该是两个人牵手共同面对这个世界。"我们每个人都想从婚姻中获取能量。互相尊重、互相鼓励、互相欣赏会给婚姻注入能量，让彼此从婚姻中获得幸福感和归属感。为了维持良好的婚姻关系，不妨试试以下几点。

1. 主动打破负面的情感标签。

我们都喜欢给人贴标签，在亲密关系中更是如此。如果给对方贴了太多的负面标签，就会忽略对方的优点和美好，看到的都是对方的缺点，久而久之，感情自然会为负面评价所累。就像电视剧《三十而已》中，钟晓芹给陈屿贴上诸如"爱鱼胜过爱自己""结婚只是为了安家""不想要孩子"等负面标签，每次产生矛盾，钟晓芹都在这些负面标签的影响下忽略陈屿的好。最终两人感情破裂，步入离婚的境地。

后来多亏陈屿的弟弟解释，钟晓芹才知道前夫不是那样的人，他一直对她充满爱意，只是不善表达，她因为没有感受到前夫的爱意而误解了他。此后钟晓芹开始用积极的眼光看待陈屿，两人的关系也逐渐缓和。因此，学会多用积极的标签，亲密关系才能正向发展。

2. 重建喜爱和赞美的沟通模式。

有这样一个实验，研究人员观察一对夫妻的交流模式后，

5分钟内就能预测出他们婚姻的走向，准确率高达91%。研究人员预测未来会离婚的夫妻双方有一个共同特点——他们在日常生活中的沟通会轻易被对方的消极情绪和负面想法影响，但他们最初的婚姻模式并不是这样的。

朋友小周和她老公之间以前就存在这样的问题。每次闺密聚会小周都在吐槽老公。虽然在我们看来小周的老公已经很体贴了。比如，他会帮她做家务，会在她繁忙时去学校接送孩子，可小周还是抱怨不断，嫌老公做菜放盐太多、家务做得马马虎虎。

最近再见到小周，发现她和以前不一样了。小周不再对老公挑三拣四。她说她重新梳理了二人的相处模式，开始学着赞美对方，而不是像以前那样只会指责和嫌弃对方。老公做的菜咸了，她会说："老公，你做的菜太好吃了，要是再淡一点儿就好了。"看到老公收拾的屋子不太干净，她会说："老公辛苦了，要是把边边角角再弄干净些就更完美了。"

幸福的婚姻在于两个人的共同经营，改变互相指责和埋怨的沟通方式，重建彼此包容和赞美的沟通模式，这样才能让彼此在复杂多变的生活中不离不弃。

3. 激发对方的温情。

生活中很多人抱怨另一半不懂体贴、不懂温柔，直言批评对方后得到的往往是对方的一脸冷漠或"我就是这样"的无情反驳。每个人都希望被尊重和接纳。你越想改造对方，对方对你想改造他的言行就越排斥，最终只会适得其反。

结婚前陈小春个性十足，结婚后陈小春变成了"妻儿奴"。究其原因，是应采儿懂得适时引导而非强硬改造他。

在某档节目中，陈小春让儿子走快点，态度很凶。应采儿知道那是老公的本能情绪，虽然看到老公对儿子的说话态度有些生气，但她还是温柔地说："他腿短，走不快嘛。"

在应采儿的影响和引导下，陈小春变得越来越温柔，每次出现在妻子和儿子身边都是满眼的爱和温情。

婚姻中，以柔克刚比以硬碰硬更能赢得对方的共情，我们要以欣赏的眼光塑造自己的另一半，而不是用指责和唠叨的方式改造对方。先引导对方成为更好的"自己"，对方才能心甘情愿地成为你眼中更好的伴侣。

有人说："若想婚姻成功，绝不只是要找到一个合适的配偶，你自己也要成为一个合适的配偶。"婚姻最重要的莫过于"经营"。平等、相互尊重的亲密关系不会在岁月的打磨中变得陈旧，反而会越来越甜蜜。好的感情不是将两个完美的人结合在一起，而是能让两个都有缺陷的人学会用包容的眼光欣赏并不完美的对方。懂得欣赏对方的优点，包容对方的缺点，不嫌弃、不指责，学会包容和成全，才能互相照亮。指责和改造不是爱，欣赏和引导是表达爱的正确方式。所以，请不要吝啬你的赞美和鼓励。婚姻里，赞美越多，幸福越多；鼓励越多，感情越浓厚。

第六节

两性关系中的"沉没成本效应"

生活中常有这样的事情发生：一部电影，买完票才发现不好看，可票都买了，即便浪费时间也要继续看完；一次旅行，到了景点才发现人满为患，可来都来了，再拥挤也只能硬着头皮走下去；一件衣服，买回家才发现并不好看，可买都买了，再难看也只能放在衣柜里找机会再穿。

这些都是我们生活中的"成本"。我们总是在各种事情上不断投入，并期望能够取得预期的效果。可遗憾的是，很多投入不一定总伴随着收获，从长远来看，它甚至会给我们带来更多损失。因此我们常常面临一个难题：在没有收获时，是否要结束投入，让之前的努力付诸东流？

我的朋友小果就遇到了这样的问题："我在这家公司耗了5年，到现在还只是一个文员，我可是名牌大学的毕业生啊！"我两年前就听她说过类似的话，但她从未付诸行动。每年都说要辞职，但每年都觉得就业形势不太好，不如等到明年再看，结果一年拖一年。

后来公司采用了奖金叠加制考核方法，小果又开始盘算什么时候跳槽能得到更多回报，结果5年一晃而过，现在跳槽几乎等于血本无归。为了一点眼前利益，小果损失惨重。眼看快要35岁了，同龄人要么创业成功，要么升职管理层，只有小果还停留在原地。

有些人的职场生涯就像下楼梯，每走一步都感觉十分轻松，可下了好几层后，再想爬上来就不太容易了。他们只能要么接受现实重新开始，要么破釜沉舟努力向前。可面对亏损，他们总有一种错觉：比起血本无归，继续投入还有可能挣大钱。这时候的他们就像赌徒一样，抱着一夜暴富的心态掏空钱包，即使赌到身无分文，却还抱着侥幸心理，到处借钱"翻身"。

这种"总觉得自己能翻身"的心态源于不想慢慢努力，只想趋乐避苦的心理。结果呢？不仅没有翻身，反而让人生跌入谷底。

试想一下，你被鳄鱼咬住了一只脚，如果试图全身而退，用手去攻击鳄鱼，鳄鱼就会同时咬住你的手和脚，让你失去反抗的能力。那怎么办才好呢？当鳄鱼已经咬住你的一只脚时，这只脚就成了你的"沉没成本"。既然无论如何都无法挽回，不如牺牲这只脚，来保全自己的生命。

"投入成本越多，越难全身而退"，这种心理叫作"沉没成本效应"。

2017年诺贝尔经济学奖得主理查德·泰勒提出了"沉没成本误区"的概念。他认为，人们的行为不仅受眼前的利益刺激，也受已经投入的成本影响。事实上，"沉没成本效应"广泛存在于生活中。无论感情、职场还是社交，各种"成本"一直在增加，无时无刻不在提醒我们"及时止损"的重要性。

女性在感情中最大的"沉没成本"莫过于青春。有名的"分手情侣"贾斯汀·比伯和赛琳娜分分合合长达8年，被粉丝戏称为"北美意难忘"。然而，最终贾斯汀·比伯娶了另一个女人，并且高调秀恩爱，毫不在意赛琳娜的感受。赛琳娜向朋友哭诉，她知道比伯不是对的人，但她像是被比伯施了魔咒一般，明知不对却还是无法远离。即使分手，只要比伯勾勾手指，她就会回心转意。她对这段感情投入太多，以至于无法抽身。对赛琳娜来说，这段错误的感情就像黑洞，把她所有的投入都吸走了。

有人说："人生中90%的不幸都是因为不甘心，这是很多人不懂得及时止损的原因。比坚持更重要的是懂得及时止损。"

如何"及时止损",可以总结为以下两种方法。

1. 设置成本投入上限。

由于"盈亏互补"的心理,我们会通过不断投入产生离成功越来越近的愉悦感。这抵消了我们付出的痛苦,让我们越来越难以自拔。因此,在开始投入时我们就要给自己设立一个上限。

朋友王强为了追求一位姑娘,甘愿变成"取款机",可某个七夕王强送错了礼物,姑娘就勃然大怒把礼物丢进垃圾桶。王强立刻提出绝交,拉黑了姑娘,再也没联系她。朋友对他的果断感到佩服,问他是怎么做到毫不留恋的,他说:"很简单,从刚开始追求她时我就给自己设置了投入上限,现在上限到了,我就调整心态接受失败。"

如果达不到预期的目标,我们就该意识到现实和自己预估的不一样,继续投入只会血本无归。及时撤出,等待更好的机会才是上策。

2. 短期利益和长期利益两手抓。

单位一名主管在考虑是否辞职,他说:"如果不辞职待到明年1月份，我就有20天的年假和丰厚的年终奖。"但他还是选择了在11月份辞职。我们都替他惋惜，丰厚的年终奖打水漂了，但他觉得，比起眼前的利益，尽早跳槽更有利于他未来的发展。

生活中，"眼前利益"最容易让人满足，恋爱中某一方很容易局限于短期利益，结果忽略了长期利益，未曾全方位评估对方的背景，发现有诈时往往已经付出太多，无法自拔。而重视长期利益的人自带"望远镜"，不但能看到现在的收获，还能看到更长远的利益。就像那句脍炙人口的话："成功的人并非只盯着眼前的小潮流，还能紧抓未来的大趋势。"

当你想结束一段关系时，要记住：选择离开不是因为"不能再投入"，而是因为你看到了没有希望的未来。从长远来看，"沉没成本"是一记警钟——当你对现状感到不满时，成本就是后悔药，提醒你是时候撤退了。虽然曾经的投入收不回来，但避免进一步损失也是一种收获。及时撤出更是一种乐观积极的生活态度。在该离开的时候离开，是在善待自己。若你选择随心而动，就要学会后果自负。

已入穷巷，切莫留恋，及时止损，才能拥抱更美好的明天。

第七节

如何巧用"振奋效应"

"抱歉，程琳，又未按时给你写信。我病了，喉咙痛，人不舒服时就特别想家，在家里不舒服时，总有你照料，在你面前撒娇。现在一切对我都是奢望。"这段文字是"人民英雄"国家荣誉称号获得者张定宇写给妻子程琳的。

2020年10月，一段内容为"张定宇曾为妻子写下120多封情书"的视频上了热搜。

1997年，张定宇报名参加援外医疗队。程琳对他说："你去吧。"他们结婚5年，程琳了解自己的丈夫，他每天都在学习英语，一有空就大声朗读，渴望有机会出去走一走看一看，她不能拖丈夫的后腿。这年张定宇34岁，程琳28岁，女儿3岁。

分别的两年里，他们写了120多封信，每一封都充满对彼此浓浓的爱意。2008年汶川地震，程琳听到张定宇接了一个电话，要他挑选几个人去汶川。张定宇说："我去！"无论张定宇决定做什么，程琳总是无条件地支持："只要是他喜欢的事，我都会支持他做，我会做好他背后的女人。"

2017年，张定宇被诊断为肌萎缩侧索硬化症，俗称"渐冻症"。程琳明白，张定宇总有一天会离她而去。即便如此，程琳也从不阻止他承担更多的工作，她说："他就是那种很努力、很勤奋、意志力很坚定的人，他的抗压能力也很强，一辈子都喜欢做的事，就让他做吧。"

疫情防控期间，程琳因感染被隔离，奋战在一线的张定宇十分愧疚，心中一直默念："我非常爱你，不能没有你。"谈起疫情，他说："如果生命开始倒计时，我就拼命去做一些事。"但当提到妻子的病情时，他说："去看妻子的路上害怕得哭了。"所谓"情到深处难自拔"。

对于他们的爱情，网友们既感动又羡慕，纷纷直言："这才是爱情最好的模样！"

2020年10月，网络上流传着朱茵的一组照片，照片里的她捧着生日蛋糕和剧组同事一起庆生。"紫霞仙子"已经49岁了，但"岁月不饶人"这句话似乎并不适用于她。

朱茵贡献了不少银幕佳作，其中《大话西游》最为经典。

她在电影中曾说过一句至今都让人意难平的话："我的意中人是个盖世英雄，有一天他会在一个万众瞩目的情况下出现，身披金甲圣衣，脚踏七彩祥云来娶我！"

时隔多年，朱茵也终于等来了她的意中人——黄贯中。在一档节目中，朱茵被问："两个人性格完全不同，究竟是怎么在一起的？"朱茵说："他从不隐藏自己的感情，就是个很直接的人。他对我，从来只把心思放在我身上。"

朱茵怀孕，黄贯中特意调整了自己的作息，放下工作陪伴老婆；孩子出生，取名为黄莺，只因为朱茵喜欢"莺"；黄贯中工作时朱茵来探视，他紧张得都不知道怎么打鼓。黄贯中曾说："我很倒霉，做什么事情都要比别人努力才能做成，大概就是因为我所有的运气都用来遇见朱茵了。"

曾看过他们参加的一档节目，节目中两人互相写了一封十年情书。朱茵写道："人人都崇拜镁光灯前万众瞩目的你，可我更仰望那个在海边怀抱吉他、心中的爱与诗永远不曾磨灭的吉他手。"黄贯中写道："电影里的你，是那么多人心里难忘的仙子，但是那个在沙漠里星空下，无比天真纯粹的朱茵，才是我生命中最美的记忆。"

很多网友问："朱茵和黄贯中这种神仙式的爱情究竟是怎么维系的？"其实没有多复杂，只不过是两个人既能互相欣赏，又能为了对方不断成长。正如朱茵所说："如果你照镜子的时候，看见镜子里的自己变得越来越美，那么就是爱对了人。"

这种现象在心理学中又被称为"振奋效应"——最好的爱情应当是"势均力敌"，你很好，我也不差；越刻骨铭心地爱一个人，越想为了这个人变得更优秀。

就像程琳式的伟大付出，丈夫想做什么尽管放手去做，她会从小女人变成大女人，撑起这个家。就像朱茵和黄贯中，即便不被世人看好，可不断成长、不断变好的二人终究成了别人羡慕的模样。

如何利用振奋效应让婚姻变得更加长久呢？

1. 保持人格独立。

2019年，西北农林科技大学一对"学霸情侣"在网络上走红。两人读的是同一专业，都被保送"直博生"，女孩娄宇飞进入清华大学，男孩杨世帆进入北京大学。"彼此携手，并肩同行"，这是娄宇飞对两人爱情的总结。她认为，爱情最好的模样就是一起变得更优秀。

在遇到杨世帆之前，娄宇飞一直都是全年级前三名。直到大学一年级那年，两人在辩论队相识，彼此有了更深入的了解。谈到男朋友，娄宇飞说："他是辩论队的队长，英语特别厉害，逻辑思维能力很强，他最吸引我的就是上进心。"两个学霸在一起的学习模式就是优势互补，鼓励和陪伴让两人的成绩在同年级中脱颖而出。大学四年他们荣获50多张证书，累计6万元奖学金。

每个人都有追求更好的权利，可"更好"的前提是你自己要足够优秀、足够独立，那样你才能吸引到同样优秀的人。

2. 学会彼此欣赏。

在综艺节目《妻子的浪漫旅行第四季》中，隔着屏幕都能看出蔡少芬对丈夫张晋的崇拜和认可，网友笑称她为"炫夫狂魔"。这是一对已经结婚13年的夫妻。张晋追求蔡少芬时被很多人吐槽"女高男低"，他们从在一起到结婚一直不被大众看好，而张晋更是被戏称"靠老婆吃软饭"。但在蔡少芬眼里，张晋是她的偶像、是全世界最帅的老公。她甚至给媒体群发过一封手写的公开信，信里她说："他与我相知相交四年半，他英俊有型，他是极品……名叫张晋！你们一定想知道我喜欢他什么吧？我爱他文武双全，对朋友忠诚，对工作认真……"全篇都是对张晋满满的欣赏。而后来张晋不负所望，凭借《一代宗师》荣获金像奖最佳男配角。上台领奖时他说："我的太太是蔡少芬，有人说我这一辈子都要靠她，我想说是啊，我一辈子的幸福都要靠她！"

互相欣赏的感情有多美好？大抵就像蔡少芬和张晋的感情。你处于低谷时我愿意陪着你，你努力奋发我会在背后默默支持你！

3. 拥有成熟的爱情观。

综艺节目《奇葩说第五季》中有这样一个辩题："男女朋友吵架，是谁错谁先道歉还是男生先道歉？"最后大家一致认为，男生应当先道歉。

结论的对错暂且不论，只是每个人心里都会有一个情感账户。当你和对方吵架，说出伤害对方的话时，你在对方情感账户里的金额就会降低；反之，当你道歉时，你在对方情感账户里的金额就会上升。两个人在一起既要相互包容，也要勇于承认错误。一段好的感情是即便面对问题和冲突，两个人依然可以一起面对，因为问题和冲突从来不是一个人说了算。两个人要想走得长久，不光需要"势均力敌"，更需要成熟的爱情观。世界不是非黑即白，爱情也不是只有你对我错。

每个人都应该是独立的个体，尤其是在两性关系中。舒婷在《致橡树》中写道："我如果爱你，绝不学痴情的鸟儿，为绿荫重复单调的歌曲；我必须是你近旁的一株木棉，作为树的形象和你站在一起。"

　　这大概就是爱一个人最好的姿态：各自独立，却又相互依靠，两个人始终处于共同努力的状态，愿意为了彼此努力成为更好的人。

第八节

"空白效应"带给婚姻的保鲜作用

于谦与"谦嫂"白慧明在综艺节目《幸福三重奏》里的相处模式，让很多网友羡慕不已。

于谦和妻子结婚二十载，算是老夫老妻了，两人的情感状态很平淡，但平淡之余表现出的是朴素的幸福。两人都在家时各自做着自己喜欢的事情也不会感到尴尬，空闲时两人会一起坐在院子里享受彼此陪伴的安静时光。他们虽然交流较少，但在对方需要自己时总会及时出现。

比如，于谦会在妻子劳累一天后给她做美食，妻子也会在于谦感到疲惫时给他泡一杯茶。网友纷纷表示，这就是爱情应有的样子，是所有夫妻应该借鉴的相处模式。

好的婚姻关系不仅要给予彼此长久的陪伴，还要给对方足够的个人空间，这样才不至于让婚姻变成压抑的枷锁。涂磊说："最好的情感往往能够给足对方空间，因为任何人都需要自我调整和对话。过于依赖、过分亲密是不自信的表现，好的情感往往是经历了矛盾和坎坷，到头来谁也离不开谁。"

过于甜蜜的情感会让彼此都感觉很累，过于黏在一起的亲密关系也总会让人不自觉地想要逃离。每个人都要有自己的私人空间，结婚了也一样。那种甜而不腻、爱而不伤的感情才更容易长久。

过于浓厚的爱，是变相的占有和掌控。

有人说，最深沉的痛苦都源于爱。在婚姻中，爱就像一把双刃剑。爱得太浅，会让人感到冷漠而彼此疏远；爱得太深，又会让人觉得受到束缚而痛苦。

电影《十二夜》里，女主角对男友越付出，男友越觉得自己失去了自由。女主角在和朋友聚会时忍不住给男友打电话嘘寒问暖，恨不得每时每刻都知道对方在做什么。可男友在办公室里接到她的电话，感受到的不是关怀带来的温暖，而是"监视"带来的无奈和烦恼。

女主角感受到男友在故意疏远自己，于是变得更加疑惑和恐慌，总是不自觉地一遍遍向男友确认"你爱不爱我"。对方没有立刻回信息，她就焦虑不安。为了抓住这份感情，她变得更为主动，结果却适得其反。一方步步紧逼，一方刻意逃避，两人的感情在猜疑和抵抗中陷入恶性循环。

如果一方每时每刻都想和对方在一起，另一方就会渐渐心生厌倦。无形之中，一个人的爱就会变成另一个人的负担。亲密关系中的两个人应当是彼此心灵停泊的港湾，是彼此孤独时的依靠和陪伴。爱得太满，人就会变得卑微。爱得太用力，反而会让爱偏离原来的轨道。爱不是自私占有，而是让对方感到适度、温暖和自在。

喋喋不休是自掘婚姻"坟墓"的凶手。

好的感情需要的是两颗心紧紧靠在一起，而不是互相指责和压迫。一位社会心理学家调查了一些夫妻不和的原因后，发现首要的一个原因是：伴侣总是喋喋不休地唠叨。无论大事小事，无论在什么时间、地点，他们总是说个不停。或许喋喋不休是一些人表达依赖和在乎的一种方式，可喋喋不休和没完没了的指责实际上会把伴侣越推越远。

戴尔·卡耐基说："唠叨是爱情的坟墓。"双方沟通被唠叨占据，会把对方的心理空间逼到一个小小的角落。过多地干预对方，两个人的心理距离反而会越来越远，爱也会大打折扣。

好的婚姻需要适当留白。

俗话说："太用力的爱，是一场灾难。"无论是行动上的爱，还是言语上的关心，都要适度，否则过犹不及。

在心理学上这叫"空白效应"。这个概念最初是指艺术作品中需要一定的留白，以便给读者留下想象和再创造的空间，读者可以根据自己的思考对作品做出更深层次的理解。实际上，"空白效应"延伸到情感、人际关系中同样适用。

在婚姻中，"空白效应"告诉我们：即使两个人感情再好，也需要保持一定的空间和心理距离。适当留白有助于让情感甜蜜得恰到好处。

那么，如何利用"空白效应"为自己的婚姻保鲜呢？

1. 重新定义自己的价值。

那些爱得太用力的感情大多源自一方在亲密关系中不把自己当回事。

在一段爱情里，你越卑微，对方越不会珍惜你的付出。要知道，你不仅是对方的伴侣，应该给予对方陪伴，你更应该实现自己的价值。

不必将自己和盘托出，请重新定义自己的价值，找到自己在感情中的底气，这样你才能让自己爱得更加从容且自信。

2. 学会给婚姻做减法。

英国心理学家温尼科特说："完美的相处关系，是'窝在爱人的怀里孤独'。"我爱你，但你是自由的。好的感情是两个独立的个体相互陪伴，而不是时刻黏在一起。

综艺节目《新生日记》中，李艾和丈夫分床睡的相处模式让嘉宾大吃一惊，但李艾和丈夫乐在其中。因为丈夫是李艾的经纪人，他们白天要一起商讨工作，两人觉得每天在一起的时间太多了，所以决定分床睡，留给彼此一点独处时间。

在李艾看来，两个人一直黏在一起并不是感情牢固的必要保证，适当分开对两个人更有好处。即使分床睡，两人依然每晚坚持说晚安，他俩能甜蜜又舒服地相处，正是因为他们懂得给婚姻做减法。

俗话说"距离产生美"。再牢固的感情也需要个人独处的空间，给婚姻做减法，会让彼此更简单、更真实。

3. 情绪留白，让对方的心灵松口气。

爱荷华州立大学的心理学家做过这样一个实验：实验者让十位妻子分别写下丈夫的缺点，为了激发丈夫们愤怒的感觉，实验者故意添油加醋。十位丈夫在看到妻子对自己的负面评价时，果然都怒火中烧。随后，实验者把十位丈夫分为两组，一组被分配到"发泄屋",在那里他们可以尽情发泄情绪;另一组则被分配到"安静屋",他们被要求在一个安静的房间里静坐几分钟。最后实验者对两组丈夫分别进行了情绪测试,以了解他们的愤怒程度。结果显示,"安静屋"的丈夫们愤怒情绪消减得更快。

这个实验告诉我们,你的情绪爆发会让伴侣想反抗,如果你给予他一些消化情绪的时间,那么他的情绪就会更快趋于平稳。过多地发泄情绪和喋喋不休只会火上浇油,适得其反。每个人都需要空间消化情绪,有适当留白,对方的反抗心理才会消减。

周国平说:"在爱情中,当你体会到你给你爱的人带来了幸福之时,你自己才感到最幸福。"当你感到情感距离舒适时,对方才能感到被爱和自由;当你感到被尊重和珍重时,对方才能更从容地去爱你。那些黏得太紧的夫妻更容易产生矛盾。

婚姻最好的状态是亲密有间,疏而有道。健康良好的婚姻应该是有各自的生活空间,部分交融,但又彼此独立。这样的感情才能随着时间的推移依然保持甜蜜。

第九节

为什么人们对越亲密的人反而越苛刻

杨澜曾问周国平："为什么我们都把好脾气留给外人，却把坏脾气留给了最爱的人？"周国平无奈地笑着说道："这个错误我也常犯。"

这看起来像个悖论，但在现实中频繁发生：我们对陌生人总是比较宽容，可是对最亲密的人我们异常苛刻。

书友：小天，女，30岁。

我有一个公认的好老公，待人接物彬彬有礼，热情友善，乐于助人。同学借了他5000元三年没还，每次我催他，他总说"对方一定有难言之隐"；同事因为要去约会将没做完的工作甩给他做，我替他打抱不平，他却说"算了，都是同事，互帮互助是应该的"。

大家都觉得我嫁给这样的老公一定幸福得不得了。可他们不知道的是，老公对我就像换了个人。

有一天我上班忘了带手机，他联系不上我，勃然大怒，回家后嫌我丢三落四，两天都没搭理我。工作上因为我的失误耽误了一个订单，老板都没怎么批评我，他反而没完没了。我想不明白的是，为什么他对别人可以那么宽容，那么善解人意，对我却这么苛刻？他说这是因为爱我，是为我好，可是这种让我极度不适的爱和为我好我宁愿不要。

书友：猴子看天，男，28岁。

我们是姐弟恋，她比我大三岁，我喜欢她身上那股独立干练的劲儿。可是现在她对我的苛刻让我越来越受不了。没及时接她电话，她会暴跳如雷；没按照她想要的方式在她失落时及时给予安慰，她会大闹不休；她喜欢吃西红柿，可是家里没有了，我煮面只放了鸡蛋，她抱怨我心里没她。

她对外人根本不是这样的，可是对我如此苛刻。和好之后她会说，她本来也不想这样对我的。可是下一次，因为一点小事，她依然会像鞭炮一样一点就炸，我不知道这段感情该何去何从。

书友：流金岁月，女，32岁。

我从小到大就是邻居口中"别人家的孩子"，成绩一直很好，但我无论怎么做都无法让我妈满意。我考99分的时候，她会说为什么会扣掉那1分；我考100分的时候，她会说考100分也没什么好骄傲的，要继续努力。

她对外人一向亲切友好，对我和爸爸却非常苛刻。她说因为我们是她最亲近的人，但是我不理解，对最亲近的人不应该更好才对吗？

可是没想到，长大后我变成了妈妈的样子。婚姻中我忍不住对伴侣发脾气，别人犯错我很容易原谅，但老公犯错就不行。他只要有一丁点做得不到位，我就火冒三丈。我讨厌这样的自己，却总是控制不住。

一项调查持续了30年，调查者在2014年发表了研究成果：比起陌生人，我们对那些和我们最亲密、最亲近的人更容易表现出攻击性。这到底是为什么呢？

奥地利心理学家海因茨·科胡特认为，婴儿参照父母给定的方向逐渐塑造了自我观。也就是说，如果父母在与孩子的互动中给孩子的正向反馈多，孩子会感觉自己是有价值的，是值得被爱的，这会逐渐塑造他的自尊。而一个缺爱的原生家庭就容易给孩子的内心造成情感创伤。

有心理创伤的人在建立亲密关系后会在潜意识中期望对方可以疗愈自己。武志红说："建立亲密关系的两个人会将对方投射成自己'理想的内在父母'。那些父母没有给过的爱和接纳，他们会希望伴侣加倍补回来。"由此就延伸出了"控制"这种行为，这就为亲密关系的崩坏埋下了伏笔。

面对外人时的清醒和理智，在亲密关系中常常会烟消云散。一个人越是得不到满足，越想要控制；有多愤怒，就有多需要别人。不满足和愤怒不过是在表明：我受伤了，而你看不见我的需要。

可是，在亲密关系中我们为什么不能坦诚地表露自己的需求，而要用苛刻、控制的方式来表达呢？因为我们每个人的原始印象是：只有弱者才需要别人，一旦承认了需要对方，就意味着我依赖你、离不开你。不行，这样自尊受不了。于是我们用刻薄、激烈的态度来对待那些我们本应该温柔以待的亲人。

大部分人的原生家庭都很有爱，那为什么我们还是会犯这种错误呢？

因为情感忽视无处不在。我们的需求被父母粗暴地拒绝，我们的情绪不被父母理解。在我们小时候，这些事情很容易造成情感创伤。

对亲密的人苛刻，导致的结果就是：亲密的人被伤害，而我们往往会后悔自责。很明显，这不是我们的初衷。那我们该如何改变这种困境呢？

1. 每周跟自己对话一次，觉察自己内心的创伤。

苏格拉底说："未经审察的人生不值得过。"我们对亲密的人苛刻，大概率源于我们内在那些未被疗愈的情感创伤。你要去察觉它才能疗愈它，那又该如何做呢？

建议你每周挑选一个时间段，将自己置身于一个安静的环境，和自己的内心展开对话：我心里有什么烦躁和痛苦的事吗？我为什么会有这种感受？它来源于哪里？伴侣该为此负责吗？如果我的焦虑不安跟他无关，我这样对他是不是在让事情变得更糟呢？我内心的渴望是什么？我如何才能实现这些渴望？

每周觉察一次，你对自己的认知就会越来越清晰。下一次在对亲近的人发火之前，让自己先缓三分钟，告诉自己这些怒火暂时先不发作，先等这周与自己对话之后再做决定。

2. 感情中少一些控制和强迫，树立恰当的界限感。

"界限感"是近几年心理学界的热词。任何关系想要良好运行都少不了恰当的界限感。婚恋关系、亲子关系、朋友关系、同事关系……莫不如此。

人们往往会在亲密关系中犯错。"因为你是我最亲近的人，所以你的事就是我的事；我对你的要求都是为你好，所以你应该听我的。"这就是情感勒索和情感操纵的逻辑。真正良性的亲密关系应该是"亲密有间"的：我们既亲密，又保持距离；我们既相互扶持，又各自独立。所以，少一点控制和强迫吧，在不违反大原则的前提下，让彼此自由做自己，这样两个人才能拥有并保持和谐的亲密关系。

3. 用更科学的方式沟通，用成年人的方式表达需求。

我们对亲密关系苛刻，本质上是在表达自己的需求。那为何要用这种孩子式的方式表达，而不是用成年人的方式来表达呢？

为什么说这是孩子式的方式？因为孩子才会在要不到糖果的时候大哭大闹。我们现在虽然不会像孩子一样倒地打滚、大哭大闹，但我们对愤怒、悲伤等负面情绪的应对方式同样是通过胡乱发泄让对方就范，二者本质上是一样的。

何为成年人的表达方式？就是直截了当地表达自己的真实需求，不拐弯抹角。"你不接我电话让我很伤心。吵架之后我特别希望我们可以沟通，而不是情感隔离。我很需要你在这种时候告诉我，虽然我们吵架了，但你依然很爱我。"

这就是在表达真实需求。我们只有看到了真正的自己，才能真实地表达自己的需求，让亲密关系更加和谐。

亲密关系之旅实际上是一场发现自我、疗愈自我的旅程。在这个过程中，如果你能始终保持对自我的观察、觉知和修正，你不仅能收获一段幸福的亲密关系，还能收获一个更好的自己。

第十节

互补定律：我劝你不要
和"性情相投"的人在一起

在综艺节目《你好生活》中，尼格买提和撒贝宁这对欢喜
冤家让人既羡慕又嫉妒。网友们纷纷"表白"："喜欢撒尼
组合。"

都说同行是冤家，可同为主持人的尼格买提和撒贝宁之间
的关系却让人羡慕不已。节目中尼格买提曾自曝和撒贝宁一起
工作非常有压力。撒贝宁就像天上的太阳，光芒四射，一登台
就吸引了观众的目光。在撒贝宁的衬托下，尼格买提有时甚至
感觉找不到自己的定位。两个人明明像平行线却又产生了交
集。他俩一个幽默开朗、落落大方，一个内向收敛，在这种差
异下，却意外地互补。

无论是在蔡明、白举纲等明星嘉宾面前，还是在康辉、张
蕾、王梓萌等主持人同事面前，节目中撒贝宁常常化身为"脱

缰的野马"，但尼格买提像对待一个顽皮的少年一样包容着撒贝宁，把"脱缰"的撒贝宁拉回"正常轨道"……两个人喜欢日常互损。倪萍老师看见他俩像孩子一样拌嘴，便忍不住发问："你俩见面就吵，可是为什么你俩非得黏在一起主持节目？"因为尼格买提的那句"撒贝宁就像天上的太阳，吸引观众的目光"后面还有一句："他同样吸引着我的目光。"

性格相近固然让人欣喜，可性格差异化犹如磁铁般的异极相吸，会更有魅力！心理学中是这样解释"互补相吸"的：人们对自己缺乏的特质会有一种饥渴心理。如果交往的双方在气质、性格、能力和特长等方面存在差异，且正好存在互补关系时，两个人不但会相互吸引，而且极容易相处。这就是心理学上的"互补定律"。

所谓互补，不过是你正好弥补了我的缺憾。

有段时间颜宁和李一诺这对"中国最牛闺密"火了。

李一诺从小就是"别人家的孩子"，乖巧、懂事、学习成绩好，有理想有抱负。颜宁却是一个离经叛道的姑娘，大学期间沉迷于看武侠小说、看电影、追星。两个性格如此迥异的姑娘却成了最铁的闺密。

刚进入清华大学时，李一诺第一次离开父母和陌生人相处，新宿舍、新环境、新课程和更加复杂的知识压得她喘不过气。大一暑假，李一诺和颜宁因为期末考试成绩都不理想成了朋友。一个是从小被保护着长大的"掌上明珠"，一个是跟着离异妈妈生活的励志女孩，两人的经历、性格截然不同。可在此后的大学期间，她们总是一起上课、一起做实验、一起去自习室。

颜宁说："大学四年，在外人看来我似乎成绩斐然，但天晓得，我只是一路跟着李一诺的方向跑。"李一诺说课太少，干脆去考托福，颜宁就跟着考。李一诺说，我们要早进实验室，颜宁就跟着进。李一诺用功，颜宁就成了每天泡自习室最晚回宿舍的那个人。而李一诺跟随颜宁的步伐打开了武侠小说和小众电影的大门，看到了广袤的世界。李一诺总结当时她和颜宁的状态：总之，我就是无趣地奔前程，她是有趣地"无前途"。

她们性格迥异，甚至连对未来的规划都截然不同。可正是因为两人的差异性，才能形成互补效应，让身处不同位置的两人变得越来越好。有人说："互补的人，看问题的角度不一样，对方能看到你看不到的地方，照顾你照顾不到的地方，生活中有了这样的人，才会是圆满的。因为你生活中的阴影恰好能够被对方身上的光照亮。"

的确如此。好朋友不一定要三观相同、志趣相投，但要互补与互容。毕竟，尺有所短，寸有所长，取长补短，才能相得益彰。

那么，如何利用互补定律提升亲密关系呢？

1. 多维度展现自己。

一个人的性格往往有很多不同的侧面，因此你在和不同的人交往时不妨多方面展现自己。

主观、强势的人往往喜欢柔顺温和的人，随和亲切的人很有可能喜欢严肃刚直的人。往往自己缺乏哪种特质，就特别希望在身边的人身上看见。就像优柔寡断的胡适遇到强势的江冬秀，相辅相成；就像热烈勇敢的三毛爱上温柔纯真的荷西，只如初见。

2. 尊重不同和差异。

存在差异的双方如果能在交往中取长补短，就可以获得一定程度的满足感。相反，如果不能互相尊重，性情各异的双方就无法产生互补效应，甚至还会互相厌恶和排斥。

在电影《触不可及》中，菲利普是一个全身瘫痪的富翁。他有很多钱，却没有健全的身体。他招募过很多护工，可最后一个都没留下，因为他无法直视别人满怀同情的目光，甚至觉得那种同情的目光让他喘不过气。直到他遇到了德瑞斯。菲利普很喜欢德瑞斯，虽然德瑞斯不具备护理经验，甚至还有犯罪前科，但德瑞斯从没有把他当成残疾人看待，这让他感受到了"尊重"。

与人相处，除了包容和支持，我们更应该"尊重差异"。就像德瑞斯对菲利普说的那样："我忘记你不能动了。"

3. 取长补短。

比尔·盖茨原本独自经营微软公司，后来他发现自己在经营管理上力不从心，他的兴趣是在软件开发上，于是他找到了自己的大学同学鲍尔默，希望鲍尔默能专门负责公司的运营管理。鲍尔默恰恰是管理上的天才，对管理工作充满热情与自信。正因为两人的互补，才缔造了微软帝国的神话。

每个人都并非完美无缺，我们应当学会用别人的优势来弥补自己的劣势，互相成就。世间万物相辅相成，月亮之所以熠熠生辉，是因为太阳的光照射到了它，大自然已经告诉了我们其中的道理。

人生很长，我们会遇到各种各样的人。他们有的热情、有的冷淡、有的严肃、有的平和……但最后能和你一起走很远的，一定是与你脾性相辅相成、性格相得益彰的人。有了差异，更容易搭配得当，彼此契合。

希望每位书友，无论在爱情还是友情中，都能珍惜那个与你性格互补的人。是他的唠叨让你变得健谈，是他的强势守护了你的柔弱，是他的温和消解了你的戾气。与性格互补的人相伴，从此人生就像被光照亮，熠熠生辉。

第十一节
如何度过感情里的权力争夺期

人到了一定年龄，关心的话题总离不开事业、爱人和孩子，其中被谈论最多的是关于婚姻的困惑。有书君选取了三位书友的留言，或许他们的问题恰好也是你现在面临的。

书友：小鱼钓猫，男，29岁。

我和妻子结婚一年了，按理说还在甜蜜期，可现在的我觉得好累。她变得越来越霸道、强势。我加班没及时接电话她生气；她生理期我叮嘱她多喝热水她也生气；我出差忘了给她买礼物她还生气。她的要求越来越多，再也不像以前那么温柔懂事了。到底是我的问题，还是她变得贪心了？

书友：玲子，女，33岁。

不知道是不是传说中的三年之痒，我对他越来越不满意。

情人节别人的老公发1314元的红包，他只发52元；我期待了好久的结婚纪念日，结果他居然忘记了；跨年夜我期盼他深情告白，可他说都老夫老妻了，整那些干什么。他总说我要求越来越多，可我觉得是他变了。

书友：强子，男，42岁。

别人家都是老婆缠着老公，我家正好相反。我老婆是女强人，最开始我被她的独立、能干吸引，可是结婚后我发现，在她心目中事业比家庭重要。我希望她能多留些时间给家庭，多花点心思在我身上，可每次沟通都不欢而散。我很困惑：到底是我选择错了，还是我的要求太多？

这些案例让我想起了曾经遇到的一对夫妇。男方是事业单位的科长，工作清闲，待遇比上不足比下有余。女方是企业高管，事业心强，独立能干。

最开始女方被男方的温柔体贴吸引，自小父母离异的她在对方身上找到了久违的家的感觉，后来他们幸福地走到了一起。可打败婚姻的并不是大风大浪，而是生活中的一地鸡毛。男方下班回家就喜欢玩游戏，生活上马马虎虎，工作上不求上进，对这种"不求大富大贵，只求小富即安"的价值观，女方实在难以接受。于是她采取了一系列改造措施。

她给他买回了一堆财经商业类的书，要求他每晚看书；她给他报了在职研究生，希望他能在学历上提升自己；身体是革命的本钱，她督促他每天早起跑步，风雨无阻。她以为通过这些努力最终会遇见一个优秀的他，而他也会因此感激自己。可是没想到，这段婚姻只维持了不到两年。离婚时男方说："我要找的是老婆，不是老师。"

婚姻中经常会遇到这样的状况：一方觉得另一方不够完美，给对方提各种要求，甚至指责对方；而另一方则一直处在被要求、被指责和被改变的状态。双方在这种要求与被要求的拉锯战中互相撕扯，直到精疲力竭。

为什么对方想要的越来越多？

加拿大演说家克里斯多福·孟在《亲密关系》中说："开始和维持一段亲密关系背后的真正动机，是需求。"我们之所以会对另一半表达各种不满，提出各种要求，是因为另一半现阶段的行为无法满足我们的需求。

在亲密关系刚开始的阶段，荷尔蒙会促使我们在对方面前尽可能展现出完美的自己。这不能算欺骗，是激情使然。但这种激情总会退却，人在感情中总会慢慢暴露出自己的"真实面目"。懂得这一规律的人会自动调整自己的期望值，以维持关系的长久平衡；但不接受这一现实的人则会采用索取的方式试图打破眼前的困境。可是任何的索取和要求都隐含着潜台词：你现在做得不够好，你需要努力才能达到我的标准，而这在本质上是对对方的否定。没有人喜欢被否定，这是人的天性，于是大部分人会在两种选择中取其一：一、压抑反感和不满的情绪，尽量满足对方的需求；二、产生防御抵抗心理，促使矛盾升级。

不论是压抑自己还是反抗对方，本质上都是情感内耗。于是，一方因为需求得不到满足而伤心，另一方因为自己总不被认可而委屈。

美国家庭治疗大师莫里·鲍文说："真正的那种亲密关系，是其中任何一方都不需要牺牲、压抑自己或不敢发言；任何一方都能以平等的态度来表现自己的强弱或优劣。"

从心理学的角度来讲，亲密关系的发展会经历五个阶段，分别是浪漫期、权力争夺期、稳定期、承诺期和共同创造期。以上说的这些情况就是权力争夺期的常见现象，本质上是伴侣双方在情感中争夺权力。既然是权力之争，就必然伴随着冲突与矛盾。通常情况下，权力争夺期会持续五年到七年之久，而有些夫妻可能终其一生都停留在这个阶段，或者没能挺过这个时期导致亲密关系破裂、终结。

那么我们如何才能顺利度过权力争夺期，让感情焕发新生呢？给大家几个心理学建议。

1. 认清情感规律，接受对方的不完美。

我们每个人都有自己的"坐标体系"，这是我们理解事物的准则。我们每个人的成长经历和生活经历各不相同，这就意味着我们的坐标体系也不尽相同。任何看似荒谬的事情背后都有它真切的原因。如果你觉得它荒谬，那很可能是你不理解它。

武志红说：进入对方的"坐标体系"是抵达理解的唯一途径。一个氛围严肃的家庭养育出来的孩子可能就是不会甜言蜜语；一个从小被溺爱的孩子长大后可能就是不太会关心别人。探究对方为何会这样，就会有更多理解和包容对方的可能性。只有先接受对方的不完美，才可能会影响对方朝着积极的方向转变。

2. 学会合理表达，实现有效沟通。

我们要求对方记住纪念日和生日，并不只是为了让对方记住那串数字，而是想要从对方那里证实自己被爱，这才是我们真正的需求。既然如此，我们为什么不能好好表达，非得用指责和要求的方式来沟通呢？下次当你再对伴侣感到不满时，不要指责对方，而应该表达自己的真实需求。不要再以"你……"开头，建议换成"我……"。

比如，把"你又不给我打电话，你心里根本没有我"换成"今天一天都没接到你的电话，我的心情有点儿糟糕"。再比如，把"你竟然忘了我的生日，我竟然有你这样的老公"换成"今天是我的生日，你忘记了，我非常伤心，这让我觉得你好像不在乎我了"。你能感受到其中的不同之处吗？

3. 学会自我满足，增强自我价值感。

很多时候我们对对方提出诸多要求，是因为我们将满足自我需求的核心都放在了对方身上，所以我们会因为对方加班不接电话生气，因为对方周末不能陪自己愤怒。当我们关注的重点一直在对方身上时，就相当于我们将情绪遥控器交到了对方手上，对方不经意间的一个举动就有可能触动你的情绪开关。

无论经营任何关系，其根基都是先经营好自己。你首先要建立起自我价值感，然后才能在经营婚姻时游刃有余。自我价值感是一种自我认知，它就像存在于你内心的一杆秤。说到底它是一种感觉：觉得自己是重要的，是值得被爱的，是有价值的。你的价值不依靠对方来体现，你需要让自己变得越来越有价值，这样你才能吸引对方。这种吸引是要求不来的，是需要通过不断阅读、努力健身、好好工作、培养爱好等方式获得的。请记住：你若盛开，清风自来。

婚姻是一张可以在显微镜下观看人性大全的门票，但票价高昂。在婚姻中我们难免会受伤、失望、难过，这些都是婚姻的代价，但这不也是我们成长的契机吗？当你和伴侣携手一同走过那些争吵、冲突和麻烦不断的日子，你才会真正懂得，经历过风雨的感情更加牢不可破。

第十二节

爱的五种语言

2020年，"深圳离婚排号一号难求"的话题冲上头条热搜。

2020年5月15日，广东省离婚登记网上预约系统显示：自即日起到2020年6月16日，深圳各区的离婚办理剩余预约量均为0。也就是说，想要离婚的深圳人仅排队就要一个月。

同一时间，各地民政局都出现了人们扎堆离婚的现象。但有一个城市不一样，那就是武汉。武汉的人们也扎堆预约，但是为了结婚。支付宝上武汉结婚预约小程序访问量是之前的300%，系统都被挤爆了。来自蚂蚁森林的数据显示：2020年一季度，湖北地区合种的"爱情树"总数已超过200万棵，三个月增长了21%，增速居全国第一。而且武汉婚纱订单量比往年上涨了3倍以上。

哥伦比亚作家马尔克斯在《霍乱时期的爱情》一书中说

道："爱情始终是爱情，只不过距离死亡越近，爱就越浓郁。"在这场席卷全球的疫情面前，除了生命本身，最受考验的可能就是爱情了。有人忙着离婚，有人忙着相守。

爱情极致的模样是：没有你的世界，我不要。

2008年，四川汶川，地震突发。一位丈夫第一时间的选择是往屋里跑，拽着妻子一起往外逃。灾难中的下一秒，没人知道会发生什么，但能确定的是，他不愿选择独活。

什么是爱情？或许就是妻子的那句"我这辈子没嫁错人"。有多少人因为对对方瞬间失望透顶，爱情坍塌；而生死与共的感动却成就了许多人一辈子笃定相濡以沫。

瞬间的生死危机考验着人性，但如果把考验的时间延长，有太多的人就经不起考验。因而那些"反其道而行之"的人总能带给我们热泪盈眶的感动。

安徽蚌埠，女孩张晓宇因为突患脑积水成为植物人。女孩的妈妈对晓宇的男友张家丰说："你走吧，谁家培养个大学生都不容易，不能让晓宇耽误你。"但在真正的爱情中，我们怎会忍心让对方独自在人生的悬崖边游荡？张家丰最终决定："只要她有一口气在，我都要陪着她。"

他每天6点起床给女友消毒、换尿不湿、做流食、按摩、泡脚……手机一天设置十几个闹钟。他对女友的爱，渗透在生活的点点滴滴里。或许是他的行为感动了上天，两年之后晓宇终于醒了过来！

爱情不只让人体会儿女情长，还能让人在暗夜中看到星星，让人在颓废的边缘看到太阳，让人在最痛苦的时刻也拥有热爱整个世界的力量。

美国一对夫妻结婚68年，相爱一生。几天前老奶奶还亲吻老爷爷，对他说"我爱你"，可是几天后87岁的老奶奶就因充血性心力衰竭撒手离去。所有人都担心老爷爷，但他没有哭泣，没有言语。他就那样一直盯着窗帘，一动不动地呆坐着。33小时后，他的病情恶化，去世了。

爱到极致竟是这番模样：没有你的世界，我不要。

爱情最美的模样是始终爱你如初。

妻子得了阿尔茨海默病，俗称老年痴呆症。那时丈夫还差一年退休，他始终不放心把妻子交给保姆，于是决定辞掉工作。余生，照顾妻子成了他的全部事业。

妻子伴有狂躁的症状，白天昏睡，晚上非要出门，丈夫不同意她就摔东西、骂人。他不分昼夜地陪着她，将一个又一个无边的黑夜变成了两个人的夜游。一次妻子走着走着饿了，暴躁到跳脚，但就是找不到开门的店铺。从那时起他就准备了背包，里面有各种各样妻子爱吃的零食：雪米饼、蛋黄派、虾条、巧克力……后来那个背包越来越重：里面多了披肩、纸尿裤、小马扎、夜光灯……

有一次妻子拉着他一直走了四五公里，他抬头一看，居然是他20年前工作过的地方。紧接着妻子从他的背包里拿出一盒米饭，里面卧着一枚剥好的咸鸭蛋，他当场就哭了。20年前，他每天上班都要带午饭，咸鸭蛋是妻子为他准备的食物中的标配。生病之后妻子忘记了很多事，却没有忘记关心他的饥饱和冷暖，那一刻他老泪纵横。那么多年，自己一直被妻子温柔以待，现在换他来疼她。

深圳有一对年过七旬的夫妻，奶奶患有糖尿病，每次爷爷都会陪她去抽血。奶奶晕血，爷爷就会在护士抽血时捂住奶奶的眼睛，像抱小孩子一样把她抱在怀里，嘴上还说着："别怕，不痛的。"即便年逾古稀，满头白发的她却始终是他眼中需要人哄的孩子。

爱上对的人，你永远都是他心中的小女孩。

重庆86岁的叶奶奶想去镇上看侄女，但臀部受伤的她无法正常行走，83岁的陈爷爷用背篓背着她走了40分钟。烈日炎炎，爷爷汗如雨下，肩上满是深深的勒痕，却只说了句"她不舒服嘛，要关心她"。

相伴60年，他们从未吵过架。背起一个人很重，但因为对方是一生挚爱，所以陈爷爷一点都不觉得辛苦。有人问："到底什么是爱情？"我想答案就是：走过风风雨雨，我依然愿意背着你，就像18岁时那样。

盛夏的一天，杭州警方接到报案，一名92岁患有阿尔茨海默病的老人失踪了。警方展开全面搜索，最终在一片墓地找到了老人。老人凌晨出门，步行两公里来到这里。原来这位老人的妻子2017年去世后便长眠于此。

因为想你，所以无论多远，我都会来看你。即便忘了全世界，也不会忘记你。这样的爱情让人泪目，更让人羡慕。

水木年华的《一生有你》唱出了爱情的真谛："多少人曾爱慕你年轻时的容颜，可知谁愿承受岁月无情的变迁；多少人曾在你生命中来了又还，可知一生有你我都陪在你身边。"爱情不是远方宏大的理想，而是眼前琐碎的柴米油盐。相濡以沫看似简单，但当期限变成一辈子时，也绝非易事。

上文讲述的爱情让人羡慕，可现实中总有无数的事实证明，原来爱情会让人深深受伤。心理学研究得出这样一个结论：一段让人神魂颠倒的浪漫恋情平均寿命为两年。那么我们怎么才能拥有天长地久的爱情呢？

好的爱情靠缘分，好的婚姻靠经营。《爱的五种语言》是美国著名的婚姻辅导专家盖瑞·查普曼博士的经典著作。他把人们表达爱意的方式划分为五种，也就是"爱的五种语言"。掌握了它，你的幸福指数就会大幅度提高。

1. 肯定的言辞。

马斯洛的需求层次理论表明，每个人的内心深处都有被尊重、被肯定和被认可的需求。马克·吐温曾说："一句赞美的话可以让我多活两个月。"每个人都喜欢被称赞，因此，在爱情中不要吝啬对对方的肯定和赞美。

"你穿这套西服看起来真帅！""老婆，你今天做的菜真好吃。""谢谢你给我买的这支口红，我很喜欢。"简单几句话就能有效加深感情，何乐而不为？

2. 精心准备的时刻。

夫妻俩要营造专属的二人世界，在这段时间里，双方都要放下手机，把全部的注意力给予对方。

男性和女性在表达方式上有很大差异，通常情况下，女性比男性有更强烈的倾诉需求。而在现实生活中，在工作中消耗了巨大精力的男人，回到家里往往不愿意再听妻子的碎碎念。妻子的表达得不到丈夫的重视，就会激化双方情绪矛盾。此时设置"精心准备的时刻"就变得尤为重要。这段时间里你们完全属于彼此，其他任何事都不能来干扰你们。不要一边做别的事情一边交流；注意对方描述一件事情时流露出的情绪，且保持情绪共鸣；对方还未结束话题之前不要打断他。

多准备这样的精心时刻，相信你们的感情会直线升温。

3. 交换礼物。

有这样一句话："礼物本身是思念的象征。"与礼物是否值钱无关，重要的是你想到了他。

礼物可以是一个具体的物品，也可以是一次周末的短途出行；不要纠结礼物贵重与否，一朵花、一张贺卡都可以，只要是你用心准备的。重要的节日一定要准备礼物，这种仪式感也会成为你们关系的黏合剂。

4. 服务性的行动。

做另一半想让你做的事，投其所好才能事半功倍。如果妻子喜欢你每天早上抱着她说"早上好"，那就满足她吧，一句话就能换得她开心，多么值得。如果丈夫希望你每天早上能为他倒一杯热水，那就满足他吧，生活的幸福不就体现在这点点滴滴的付出中吗？多一点为对方服务的精神吧，你们的感情会越来越甜蜜。

5. 身体接触。

研究显示，简单的身体接触能够激活大脑的奖励中枢，降低血液中应激激素的含量，并能通过降低与压力有关的大脑区域的活跃程度来缓解疼痛感。也就是说，身体接触有类似止痛药的作用。

每天出门前和到家后都给伴侣一个拥抱和热吻；外出散步、逛街时也记得牵着手；在对方伤心、生气时紧紧拥抱对方……不要小看这些举动，对幸福的婚姻来说，它们意义重大。

"结发为夫妻，恩爱两不疑。愿得一心人，白首不相离。"这简单的20个字需要用一生去书写。希望几十年后你的身旁还能有个人为你做饭、唱歌，听你唠叨、抱怨，有他/她在你身边，你从未忘记爱情的模样。

第十三节

越简单，越幸福

在综艺节目《乘风破浪的姐姐第二季》里，胡静的老公给她送花的一幕让人很是羡慕。

胡静正准备和其他参加节目的女嘉宾吃火锅，看到自己和周笔畅合住的屋子里有一束红玫瑰。她以为是周笔畅或别的女嘉宾收到的，可问了几个人都说不是。胡静一脸疑惑地坐下来和大家一起吃饭。这时儿子突然打来视频电话，问她是不是收到了爸爸送的花。胡静这才知道，原来玫瑰花竟是自己老公送的。

胡静的老公接过电话，细心地询问胡静是不是在录制节目的过程中哭了，是不是伤心了。平日里胡静老公做生意很忙，很少陪伴在她身边。这次胡静录制节目，两人又很久没能见面。老公突然送花，加上嘘寒问暖，让胡静颇为惊喜和感动。

英国诗人爱德华·杨格说："真正的幸福，存在于不可见的事物之中。"生活中，预料之中的事情给予我们的幸福感可能会逊色一些，而那些期待之外的事情反而更能带给我们强烈的幸福感。

1. 欲望越多，越不幸福。

生活中你是否有这样的感受？婚姻里，既想要对方陪伴，又想对方支撑起家庭；工作上，既想要稳定的早九晚五，又想快速晋升；生活中，既想不比别人差，又不想比别人苦。于是我们常常沉浸在无法得到、自怨自艾中抱怨生活。看到别人生活得很滋润，更加觉得自己不幸福。

知乎上有人提问："为什么大多数人觉得不幸福？"其中一个高赞的回答是："因为人都有欲望，有欲望就意味着不满足，不满足就会感到不幸福。"

其实，我们之所以感觉不到幸福，未必是真的不幸福，而是因为我们的期待大于现实情况。经济学家萨缪尔森就曾提出一个幸福公式，即幸福等于效用除以欲望。这个公式告诉我们，幸福感是现实生活状态与我们心理期望的一种比较。当效用是固定值时，即当生活给予我们的回馈稳定不变时，你的欲望越多，你就越容易感到痛苦。反之，你的欲望越少，你越能感觉到幸福。

　　举个简单的例子。你过生日，期望伴侣给你发1000元红包，而实际上他只给你发了500元，那么你的幸福感就是0.5；如果你期望伴侣给你发500元红包，那么你的幸福感就是1。所以，幸福不是绝对的，而是相对的。

　　早年间蔡澜想做自己喜欢的文艺电影，可公司老板只想做商业电影，赚更多的钱，蔡澜觉得很失落。某天，他在西班牙遇到一位老人在钓鱼，可老人在待的地方钓到的鱼都很小。于是蔡澜好心让老人去钓另一边的大鱼，没想到老人说自己要钓的是早餐用的鱼。

　　这句话让蔡澜醍醐灌顶。如果自己想要的只是一条小鱼，就不会因为钓不着大鱼而伤心失落。一个人幸福与否，通常取决于个人的主观意愿。当一个人被太多欲望支配，而又得不到满足时，他就会痛苦不已。

2. 幸福与否，取决于你想要的是什么。

　　有人说："每个人对幸福的理解不同。对极度口渴的人来说，幸福就是一杯水；对身处炎热环境中的人来说，幸福就是一股清凉的风。"每个人想要的东西不一样，也就有了对幸福的不同感受。

　　日本影星山口百惠在事业巅峰时期选择为爱隐退，别人都觉得可惜，可她无比坚定自己的选择。对从小缺乏家庭温暖的山口百惠来说，一个温馨的家庭才能给她带来幸福感。回归家庭的山口百惠结婚生子，被丈夫宠爱，被孩子喜爱，收获了属于自己的幸福人生。都说成年人的世界里没有"容易"二字，但真正的幸福与金钱无关，在于个人的价值判断。

网络上有这样一个视频，一个外卖小哥和一个外卖小妹依偎着在路边的草坪上晒太阳，脸上洋溢着幸福的微笑，让人非常羡慕。对外卖小哥来说，虽然生活不够富裕，也被劳累充斥，但在空闲时可以和心爱的人待在一起就很幸福。杨绛说："我们曾如此期盼外界的认可，到最后才知道：世界是自己的，与他人毫无关系。"

幸福是自己的选择，与他人无关。你是想拥有快乐、自由，还是金钱或名气？你是更看重家庭温暖带来的幸福，还是更看重事业成功带来的幸福？当你持续沉浸在自己喜欢的事物中时，这种感受就是幸福。

幸福是一种能力，知道自己想要什么，能够为了幸福勇敢地做出选择，也是一种人生智慧。

美国作家梭罗说："任何人都是自己幸福的工匠。"幸福在于我们每个人如何创造生活。我们也可以通过调整自己的态度和习惯，来增加生活的幸福感。

1. 节制欲望。

2021年2月，石家庄的"90后"姑娘乔桑火了。因为奉行"不消费主义"的极简生活，她录制的短视频获得了无数点赞。

乔桑也曾是个超级购物狂，火拼双十一、花钱大手大脚。看别人学潜水，她不顾自己的经济状况，毫不犹豫地拿出1万元报名。为了满足购物欲望，她不得不拼命工作。如此种种，让乔桑的生活变得疲惫不堪。一直被自己的欲望驱使，她始终感受不到生活的幸福。

很多时候，我们总是为了更好的物质生活拼命工作，可随之而来的是厌倦生活；总想要被人羡慕，到头来却发现，一切只是自我负累。其实，人过多的欲望大部分情况下都是虚荣心在作祟。

当乔桑决定换一种生活方式时，幸福感随之而来。再也不用被欲望支配的她有了更多精力和时间来感受生活，也体会到了之前没有的轻松和快乐。

弥尔顿说，我学到了寻求幸福的方法：限制自己的欲望，而不是设法满足它们。欲望是我们前行的动力，但欲望太多会让自己身心俱疲。有节制的欲望才是生活动力的来源，不被欲望支配才能活得轻松自在。

2. 抓住当下的幸福。

微博上有个热门讨论："长大后最大的幸福是什么？"有人说："幸福很简单，老公在教孩子写作业，我在睡觉。"有人说："一家人走过春夏秋冬，整整齐齐，健健康康，就是最大的幸福。"也有人说："应该是健身之后，洗个澡，走出健身房吹到第一缕风的那一刻吧。"

其实，让人感到幸福的往往是很琐碎的小事。和心爱的人过安稳的日子，拥有自给自足的生活，就是幸福。

真正的幸福不是物欲上获得满足，而是内心的愉快与平和。保持知足的心态，是获得幸福的密钥之一。

叙利亚作家西拉士曾说："不承认自己幸福的人，不可能幸福。"很多时候，并非我们生活不幸，而是我们给生活附加的东西太多。学会管理自己的欲望，找到适合自己的生活节奏，学会享受自己已经拥有的生活，才能真正主宰自己的人生。

2020年后，我们每个人对幸福几乎都有了不一样的看法。以前觉得坐拥名利、地位，被人仰慕才是幸福的；现在觉得，健康平安、能够陪伴在亲人身边，就是最大的幸福。

对于明天，你有哪些期待或者想要实现的小幸福呢？愿你有梦想，但不要急功近利；愿你有一些金钱，但不被暴富愿望支配；愿你有人爱，但不要过度索取。

生活往往越简单越幸福。幸福也从来不是一蹴而就的，需要我们一点一点去积累。在嘈杂的世界里保持一颗安定的心，放下包袱，放松自己，你的人生才会收获简单而纯粹的、稳固而长久的幸福。

第十四节

关系中的"自我延伸模型"

张爱玲说："感情原来是这么脆弱的，经得起风雨，却经不起平凡。"

我们普遍认为，打败爱情的是困难和挫折，但生活中往往存在这样一种现象：爱情越经历波折越坚定，可是平稳之后感情却慢慢淡了。风雨同舟，天晴便各自走散……

表姐在大学时爱上了一个同班的穷小子。对方家庭条件不好，老家又远在福建，大姨坚决反对。但是被爱情冲昏头脑的表姐听不进去这些，最后她不惜与大姨决裂也要坚持和男方在一起。

大学毕业后，表姐不顾大姨劝阻，跟着男方去了福建，大姨气得半年多没搭理表姐。可毕竟血浓于水，妈妈总是会惦记儿女，后来大姨也默许了这段感情，母女俩的关系终于缓和。按理说这段不被祝福的感情终于盼来了柳暗花明，应该修成正果才对。可是，不到一年，表姐就回到了家乡青岛。我问她为什么，表姐说："其他人越反对，我们俩爱得越深，外界的阻力成了我们需要共同面对的最大麻烦。当阻力不在了，风雨散去了，感情归于平淡，那些被掩盖的矛盾就一一显露出来。"

爱情经得起风雨，却经不起平淡，听起来真是有点讽刺。

1972年，心理学家调查了91对夫妇和相恋8个月的41对情侣。结果发现，在一定程度上，父母干涉程度越高，恋人之间越相爱。这种现象跟《罗密欧与朱丽叶》的剧情很相似，因此又被称为"罗密欧与朱丽叶效应"。

心理学家以阻抗理论来解释这种现象：人们天生不喜欢自由被限制。当自由受到限制时，人们会天然采取对抗的方式来应对。所以，大姨越反对表姐，表姐就越叛逆，越感觉自己爱男方爱到不能自拔。实际上这种执着更多的是对自主权被剥夺的恐惧。

外界的其他风雨，如出现感情竞争者、恋爱中遭遇财务危机、生活中出现重大变故，都可能在一定程度上加深两人的感情。当风雨出现时，人们对感情的控制权就会减弱。而人天生需要掌控感和安全感，所以这时人们会更倾向于用力抓住感情，更容易觉得情比金坚。

在一定程度上，情感越波折，双方越相爱，但等到风雨过去，生活恢复平淡，锅碗瓢盆消磨了曾经的轰轰烈烈，双方原本被风雨遮蔽的矛盾就会无处遁形。这同样可以从心理学的角度做出解释。

心理学家曾在1986年提出"自我延伸模型"：人天生就有扩展自己的资源、观念和认同的动机，并且自我延伸的过程会给人带来愉悦的感觉。

举个例子，我们看了一篇很有深度的文章，就会有获得新知识的收获感和喜悦感。恋爱也是一种自我延伸的方式，会给我们带来新的观念、认知和提升，从而使我们的自我得到延伸。但是当这段感情进入稳定期趋于平淡，我们从这段感情中得到的新鲜感和冲击就会越来越少，自我延伸的需求就会得不到满足。如果双方都不懂得经营，感情就容易在这个阶段出现问题。

很多人会把结婚当作经营一段感情的终点，仿佛领了结婚证就是为一段感情上了保险，仿佛这段感情永远不会变质，所以他们不再像刚恋爱时那样精心呵护，不再付出时间和精力去经营。他们的普遍论调是"都老夫老妻了……"，可现实生活中，多少老夫老妻最终分道扬镳。

疏于经营的感情，都有崩塌的危险。

有没有什么办法能够让我们既能抵挡住感情的风雨，又能经受住生活的平淡呢？下面有书君送大家几个心理学锦囊。

1. 客观看待生活中的风雨，去掉滤镜看感情。

很多时候，因为一些阻碍，我们内心的叛逆情绪会被激发出来，我们看待对方的眼光会自带滤镜。我们应该了解这一规律，尽量不受外界的阻碍影响，客观评估我们和对方之间的感情。尤其是原本就有阻碍，因为阻碍对对方死心塌地的人，要学会听取旁观者的意见，询问亲朋的建议，让自己多一些客观参考，尽量站在客观的视角审视内心，努力排除干扰，去掉滤镜看感情。

2. 强化对婚恋规律的认知，客观对待生活中的平淡。

加拿大演说家克里斯多福·孟在《亲密关系》中写道：亲密关系会经历月晕、幻灭、内省、启示四个阶段。在这四个阶段，人们经历的是由激情澎湃到矛盾丛生，然后由平淡琐碎到反躬自省，最后达到和谐共生的过程。

很多夫妻在矛盾丛生和平淡琐碎的阶段坚持不下去，最终分道扬镳。当你感觉生活琐碎，感情变淡，想要放弃时，告诉自己再坚持一下，往往过段时间你就会有新的感受和决定。任何一段感情都不可能始终保持热恋时的激情。感情会有大风大浪，但终归平平淡淡才是真。

3. 培养共同爱好，增加共同体验。

当我们与伴侣越来越熟悉，生活方式越来越相似之后，自我延伸就会变慢，我们就会渐渐失去最初心跳加速的感觉。"自我延伸模型"也给出了相应的建议：为了保持婚姻关系中的满意度，夫妻双方可以共同参与一些延伸自我的活动来改善关系质量。

这些活动并不需要如何特别，也不一定非得是休闲活动。它可以是一些日常活动，比如一起做家务、照顾孩子等。我们可以尝试走出婚姻关系的"枯燥区"。当伴侣总是重复做相同的事情，生活总是一成不变时，我们很自然地就会觉得乏味，觉得彼此都在原地踏步。但如果我们能够多培养一些共同的爱好，多为生活加点料，比如尝试一道新的菜品，去新开的餐厅吃饭，去没去过的地方旅游……增加一些共同的新体验，就会给彼此带来一种充实感，为感情输入一些新鲜血液。

4. 规律性创造独属于你们的"太空时间"。

李中莹写的《亲密关系全面技巧》一书，为我们提供了一种实用可行的技巧，那就是"太空时间"疗法。

"太空时间"是夫妻二人共同度过的一段很特别的时光。在这段时间里，双方要把所有不愉快的记忆和情绪都抛开，就像坐宇宙飞船去了太空，把所有的不愉快都留在地球上。这段时间里你们可以讨论一起做过的开心的事、心中的梦想以及对方给予你的感动等。没有指责，没有批评，你们像曾经约会时那样，好好聊聊彼此的心里话。你们可以一周安排一次，一次进行一个小时，也可以按照你们的具体情况来制定"太空时间"的时长和频率。

建立"太空时间"就像买保险一样，在需要时才建立就太迟了。不要小看这种聊天，它很可能会让你们重新发现对方身上的闪光点，再度爱上对方。这是一个能够防止亲密关系恶化的技巧，值得每一对夫妻或情侣尝试。

生活不只有眼前的苟且，还有诗和远方；人生不仅有必经的风雨，还有琐碎和平淡。如果我们携手度过风雨，却在风雨后走散，那将是怎样的遗憾呢？请牵牢彼此，左手风雨，右手平淡，珍惜当下，直到永远……

第十五节

消耗你的人，关系再好也要远离

面对生活中不合理的要求，直截了当拒绝的人很少，委曲求全答应的人很多。

小时候，父母要求我们懂事、有礼貌、乐于助人；长大后，我们面对不合理的要求，想要拒绝，却始终找不到合适的理由。结果就是，要么忍气吞声默默完成别人的期待；要么瞬间爆发，不欢而散。每天为了演好情绪稳定的成年人，我们疲惫不堪。

"不老女神"俞飞鸿在访谈节目《十三邀》中也曾表达过自己的困扰。大学时，同宿舍女生提了不合理要求，或者做了让自己不舒服的事情，她就想着等舍友回来，跟舍友表达自己的不满和拒绝。但当舍友回到宿舍时，俞飞鸿却说不出话，到最后又急又气，只能一个劲儿踢自己的脸盆。

如果说拒绝同事或同学很难，那拒绝父母和伴侣就更难了。电影《钢琴教师》讲的是一对相爱相杀的母女。女儿艾莉嘉是著名的钢琴家，年过四十依然单身。艾莉嘉如果没有在规定的时间回家，母亲就会大发雷霆，甚至会在她晚回家后打骂她；晚上艾莉嘉与母亲同床而眠时必须把手放在被子下面；艾莉嘉不能穿时装，她买回来的时装会被母亲强行撕破；艾莉嘉需要与母亲共度周末，她不能有自己的安排。

当然，艾莉嘉也有反抗的时候，但母亲会在冲突的关键时刻提到自己心脏不好，反问她："我是你的母亲，我关心你有什么不对？"这时艾莉嘉很快就会为自己的行为后悔，并做出让步。

你有没有觉得这种论调很熟悉？"我是你妈妈，我含辛茹苦把你拉扯大，你居然不听我的话？""我是因为爱你才这样，你不满足我，我会很伤心。"……

当我们无法满足她们时，她们总会说出很多伤害我们的话，还会胁迫我们做出牺牲。最终我们不得不一次次妥协，屈服在她们的威严之下。

为什么听到类似的话语时我们极不舒服，却又很难拒绝？因为我们被"情感勒索"了。

"情感勒索"的概念最早由美国心理学家苏珊·福沃德提

出，它是一种强有力的操纵方式。关系中的一方以爱或情义等名义让另一方牺牲自己的利益，并要求另一方按照他们的要求做事，服从他们的意愿。如果我们不顺从，他们就会惩罚我们。

　　闺密经人介绍认识了一个相亲对象。刚在一起时两人相处得很融洽，恋爱一个月后男孩就向她求婚了，可闺密觉得两人相处的时间太短，婉言拒绝了，说再相处一段时间看看。谁知一向好脾气的男孩突然生气地说："我早就知道你不是真心和我在一起的，要不然怎么会拒绝我呢？我们分手吧。"闺密一听这话就觉得不太对劲，于是坚定地说："我只是认为我们需要再多相处一段时间，如果你坚持要结婚，那分就分吧。"男孩一听闺密真要分手，又改变了策略，委屈巴巴地说："我不是真的想和你分手，我是因为喜欢你才迫切地想要和你结婚，你要是抛弃我的话，我还不如死了算了。"

　　这就是典型的情感勒索的案例，男孩由施暴者到自虐者、悲情者，其本质上都是对对方的情感勒索。很多人会问：那我们该如何辨别身边的情感勒索者呢？别急，情感勒索者通常会有以下四种表现形式。

1. 施暴者。

他们会清楚地让你明白他们的要求以及你不愿满足他们要求的后果，不达目的，决不罢休。比如，他们说："你不这样做的话，我们就分手吧。"或者用冷暴力来迫使对方屈服，总之他们会利用关系来胁迫你以达到自己的目的。

2. 自虐者。

他们会将威胁内化，当你无法满足他们的要求时，他们会通过伤害自己来让你感到害怕，并以此来达到自己的目的。比如，他们对你说："你敢离开我，我就死给你看。"

3. 悲情者。

他们通常会扮演一个非常苦情的角色，告诉或暗示你，他们受到了深深的伤害，或者指责你自私，让你产生负罪感。比如，他们会对你说："我辛辛苦苦养大你，你居然不听我的话。"

4. 引诱者。

他们会先对你释放正面信息，给你一些你很想要的承诺，然后告诉你，如果不顺从他们，你就什么也得不到。

如果你遇到有以上表现的人，一定要尽早远离。

情感勒索者可能是我们的家人、伴侣、朋友，我们该如何应对呢？精神分析学家温尼科特曾说："心甘情愿地说'好'，温和而坚定地说'不'。"我认为这是维护人与人之间关系的最好方式。温和是态度，坚定是底线，学会拒绝过分的要求本来就是一件正确的事。

苏珊·福沃德对此提出了三个简单的解决步骤：停下来、冷静观察和制定策略。

1. 停下来。

你需要从习惯性的回应方式里跳出来，不要一遇到压力就立刻屈服、投降。

面对情感勒索者的要求，我们无须立即回应，此时可以让自己先停下来。最常见的策略就是使用拖延话术，用拖延的方法以不变应万变。比如，我们可以说："我现在不能给你答复，我需要一些时间考虑。"越复杂的事情，越需要时间思考。使用拖延话术就是为了争取思考时间，我们只有和情感勒索者保持一定的距离，才能平复激动的情绪，恢复理性判断。

2. 冷静观察。

勒索者的需求无外乎三种：无关紧要的、不牵扯重要问题但影响自己完整性的、有关人生重大决定的。

针对第一种情况，你可以妥协。比如对方说："你可不可以帮我下楼拿个快递？"如果这时你恰好需要下楼倒垃圾，这种顺手的事何乐而不为呢？但需要注意的是，你不能启用"自动妥协"反应模式回应对方的要求，如果你此时正在赶一份文件，你完全可以直接拒绝。

后面两种情况则更为严肃一些。比如，伴侣要求你放弃画画这一爱好；父母要求你放弃在大城市的工作回家乡发展……这些问题有的牵扯到你个人的完整性，有的牵扯到你的人生方向，都需要慎之又慎对待。此时你需要仔细分析自己的需求，明确自己的底线，然后做出适合自己的决定。说到底，你是谁，选择什么样的路，完全取决于你自己。

3. 制定策略。

拒绝勒索者通常会引发一些冲突和矛盾，我们怎么做才能既坚持原则，又不会破坏关系呢？苏珊·福沃德建议我们用"非防御性沟通"来说出自己的决定，即在沟通中不带有攻击性。比如，"对不起，我知道你很生气，也能理解你的心情，请先平静下来，我们好好聊聊"。

除了温和沟通，你还可以"化敌为友"，和对方站在同一立场，一起解决问题。比如，"你能不能告诉我你为什么这么难过？我们能不能一起找个替代的方案"。

你还可以采取条件交换策略。有时情感勒索者提出的要求是合理的，只不过表达的方式让人感觉受到了胁迫。这时你可以提出自己的要求，双方交换条件。这样不但满足了对方的要求，还能改善关系，加深情感。

个人是渺小的，不可能独自生存。我们在亲密关系中寻找归属与幸福，但有时亲密关系也会给我们带来打击和伤害。苏珊·福沃德认为：即使一段亲密关系中有情感勒索的要素存在，也并不代表这段关系已经被判定为失败。此时我们需要直面自己的内心，表达自己的诉求。因为，我们终其一生要守护的不只是自己的内心秩序，还要摆脱他人不合理的期待。

个人成长

"专注"还有一个说法，就是活在当下。做好眼下应该做的事情，不去思考太多过去的失败以及对未来的顾虑。与其过分执着、在意，不如适当放松，用从容、淡然的姿态去面对问题。

第一节

让你心想事成的秘密法则

生活中你有过这种感觉吗？当你坚定了某个目标后，全世界好像都在为你让路，努力的过程没有任何阻力，你会一往无前；反之，当你对一件事情迟疑时，总会无端冒出各种事情来打乱你的节奏，阻碍你前进。这涉及一个神秘的法则，今天我们就来一起解密。

"你不是生活的经历者，而是创造者。"这是曾指导无数人走出低谷的心灵导师莉娜·凯在TED（美国一家私有非营利机构组织大会）演讲中提到的改变人生的秘密法则，而她本人也是这个法则的实践者和受益者。

莉娜生于库尔德斯坦，出生前医生曾断言她会是个死产儿。之后，家乡战乱不断，她跟着父母偷渡到伊朗，最后又以难民身份流落到伦敦。她的学生时代是在贫穷和窘迫中度过的，工作后生活更是一团糟。她与家人关系恶化、身患抑郁症、脑部查出肿瘤，还面临失业，靠着微薄的救济金在流浪者收容所勉强维生。直到有一天，她的内心被"你不是生活的经历者，而是创造者"深深震动，她突然意识到，种种不幸的经历都和她个人的选择相关，既然如此，自己为什么不选择一种积极、幸福的人生呢？

这个法则就是吸引力法则。莉娜第一次意识到自己可以利用吸引力法则来改变眼前的困境。于是她努力调整自己，不再依赖药物；用读书替代看电视，用行动替代抱怨，并积极发挥管理才能……

奇迹发生了，她的身体开始好转，和家人的关系逐渐修复，经济状况也得到了改善。最终，莉娜通过吸引力法则过上了梦想中的生活。

何为吸引力法则？2007年，《秘密》一书火遍全球，澳大利亚作家朗达·拜恩在书中讲述了神秘的吸引力法则：当思想集中在某一领域时，跟这个领域相关的人、事和物就会被它吸引而来。简单来说，就是当你心里想着做成某件事情时，整个宇宙都会配合你；当你努力想让自己变得更好时，很多人都会愿意帮助你。因此它也被称为"心想事成"的秘密。

为什么吸引力法则可以改变人生?

这是因为万事万物都有自己的能量场,都有某种特定的振动频率,而相同振动频率的人和事物会互相吸引,恰如"物以类聚,人以群分"。当一个人充满负面、消极的思想,行动上拖延、懈怠时,被他吸引的只有糟糕的事情。反之,当他充满正面、积极的思想,努力行动时,一定能造就良好的结果。

大部分事情都关乎个人的心理模式。所谓的吸引力法则,不过是在潜意识中埋下一颗积极的种子,努力摆脱负面影响,争取收获好的能量和结果。

我有个闺密外号叫夭夭,她特别会运用"吸引力法则",甚至还用这个法则收获了甜蜜的爱情。

29岁之前她把心思都用在了工作上,当她意识到自己真的该找一个男朋友时,就着手准备了。首先,她列了一个详细的清单,写下了对伴侣所有具象的要求。比如,她喜欢经常旅行、爱运动的男生;喜欢自律、能够对人生负责的男生;喜欢有趣、能让枯燥的人生变得好玩的男生;喜欢会做饭,两个人在一起一直有话聊的男生……希望男生的存款在10万元左右,有自己喜欢的工作,也能养活家人……

然后,她坚信自己能够找到这样的男朋友,尽管有人提出质疑，她也不曾动摇过。她每天都会坚定地告诉自己：你很棒，你很善良，你很美，你一定会找到心目中的男朋友。当然，她也为此付诸行动。比如，她知道自己喜欢的男生属于运动型加生活型，于是便利用各种节假日参加骑马、射箭、滑雪、登山、游泳等活动，并结识了许多男生；她喜欢自律的男生，因此也严格要求自己每天健身一小时；她很注重两个人是否有共同话题，因此她会花时间跟男生沟通，分辨哪些男生和自己的三观更加契合；她希望对方有存款，于是自己也努力赚钱，定期存钱，学习理财知识。

令人惊讶的是，两年后她真的找到了自己理想中的男朋友，如今两人已经步入婚姻的殿堂，甜蜜得羡煞旁人。

瑞士心理学家荣格说："潜意识正在操控你的人生，而你却称其为命运。"当潜意识转化以后，命运就被改写了。因此，如果你想要改变命运，就从转化自己的"潜意识"开始吧！

那我们该如何运用吸引力法则帮自己实现目标、收获幸福呢？给你三个建议。

1. 聚焦：可视化你的目标。

成功启动吸引力法则的第一步就是可视化你的目标。集中注意力，将你所有的专注力都聚焦在你想要完成的事物上，然后列出自己的梦想清单，并让目标可视化。

比如，你可以写下"到年底我要减重20斤"，而不是写下"我不要变成胖子，不要吃高热量食物"；再比如，你可以写下"我今晚要写一篇文章"，而不是写下"我今天要写作，一定不能再追剧了"。

可视化你的目标，想象目标实现后的情景，它会给你带来无穷的力量。正如心理学家爱默生所言："生动地把自己想象成失败者，这就足以使你不能取胜；生动地把自己想象为胜利者，将为你带来无法估量的成功！"

2. 信念：坚定地相信你可以实现目标。

信念的力量是无穷的，信念可以最大限度地激发人的潜能和意志力。当你的信念足够坚定时，宇宙也会帮助你实现这个目标。

1954年以前，跑完一英里（约合1.6千米）的世界纪录是4分1秒，在当时这已经是人体的极限，突破它被认为是不可能的事，但牛津大学一名热爱运动的医学生始终坚信自己一定能打破纪录，4分钟内跑完。终于，他在1954年实现了自己的目标，用3分59秒跑完了一英里。此后各国运动员受到鼓励，这项纪录也多次被刷新。

如果没有这位医学生最初的信念，原纪录可能至今都未被打破。你相信什么，就能创造什么，信念的作用如此强大，不妨一试。

3. 行动：启动你的积极行动。

很多人反驳说吸引力法则没有效果，那是因为他们只有目标，没有行动。比如，你的目标是成为千万富翁，你每天都告诉自己会实现目标，内心的信念也十分坚定，这满足了前两个条件，但如果你不付诸行动，每天只是躺在床上幻想，那必然是不会有结果的。

有了积极的目标和信念，还要有积极的行动，这样才能得到正向的结果。想象一下，你减重20斤后身材曼妙，穿着漂亮的裙子翩翩起舞的画面。接着开始行动，控制饮食，运动健身。快速启动你的能量，把你想要的结果吸引过来。总的来说，倾听你内心深处的声音，然后聚焦、相信并启动你内心的能量。

丰子恺说："你若爱，生活哪里都可爱。你若恨，生活哪里都可恨。不是世界选择了你，是你选择了这个世界。"是啊！其实吸引力就是一种能量的相互作用。你的能量是什么，便会吸引到什么。

　　有书君希望每位书友都能积累一些积极的、正面的思想，去掉负面的、消极的思想和语言，从而改变自己的人生。

第二节

有目标未必能成功，但没有目标
一定不能成功

如果人生可以观看，或许会颠覆你的三观。

英国导演艾普特从1964年开始，跟拍了14个孩子，每隔7年拍摄一部纪录片，跨越56年，记录了他们的一生。

最初，艾普特便做了一个判断：3岁看大，7岁看老。三个来自精英阶层的孩子仅7岁就已经有了清晰的人生规划。大学目标要么是剑桥，要么是牛津。当别的孩子一脸迷茫地问"大学是什么意思"时，约翰已经开始看《泰晤士报》和《观察家》了，为了进入牛津大学，他早早定了小升初的目标。约翰说："毕业后我要去威斯敏斯特寄宿学校（此校学生毕业后大多进入剑桥大学或牛津大学，出过七任英国首相）。"

7年后，约翰通过了入学考试。63岁时，他已经是王室的法律顾问了。他的人生似乎注定心想事成。与之相反，皮特来自中产家庭，毕业于伦敦大学。他说自己很懒，大学时没怎么努力就拿到了学位，很可笑。28岁时他做了老师，感觉这个岗位没什么价值，也没有前途，但他并不愿意思考如何改变，他认为："很多人生来就有许多唾手可得的机会，而自己不管做什么都会立刻受到限制。"对此，约翰反驳道："人们总以为我们这个阶层的人生就是如此顺风顺水，想去哪所学校读书就去哪所学校，但他们并没有看到我们那些挑灯夜战的日子。"

初听约翰的话你或许会感叹他"何不食肉糜"。直到56岁时约翰才坦言，他9岁时爸爸去世，那时家里就没钱了。妈妈得外出工作，省吃俭用供他读书，而他能顺利从牛津大学毕业全靠奖学金。"影片里仿佛我有与生俱来的强大特权，其实没有谁能过得如此容易。"

究竟是什么决定着我们不同的人生走向呢？

哈佛大学做过一个著名的"目标实验"，实验人员跟踪并调查了一群智力、学历和环境相似的年轻人。25年后他们发现：3%有着清晰、长远目标的人已成为社会各界的顶尖人士；10%有着清晰短期目标的人生活在社会上层，大多是行业专业人士；60%目标模糊的人虽未取得什么成绩，也算能安稳生活；而27%没有目标的人大多处于社会底层，生活并不如意，常常面临失业、离婚、人际关系等问题。

正如卡耐基所说："一个目标达成之后，马上立下另一个目标，这是成功的人生模式。"一个没有目标的人，就像一艘不知道该驶向哪个港口的船，那么任何方向吹来的风都不会是顺风。

人生如何规划？目标如何拆解？美国马里兰大学心理学教授埃德温·洛克曾提出著名的目标设置理论：洛克定律。当目标既指向未来，又富有挑战性时，它便是最有效的。

了解美国历史的人或许都听过这句话："没有富兰克林，就没有美国。"然而，富兰克林出身卑微，12岁就辍学了，没有任何与成功有关的先天条件。归根结底，他的伟大源于目标感和执行力。当他想尝试写作时，人人都认为不可能。他没受过教育，怎么可能写出一本书呢？

对此富兰克林做了什么呢？他把出版书籍的目标拆分为三步。首先，练习写句子的能力。他从杂志《观察家》中观察、总结句子的措辞，反复思考如何用相近的方式重写这些句子；其次，提升用词的能力。他将杂志文章改写成诗句，每一个词都仔细推敲；最后，练习如何组织一篇文章。他将文章顺序打乱，等待足够长的时间后复写文章。

多年以后，他的著作《穷理查智慧书》以及后来的自传成为美国文学的经典，连马克·吐温都表示自己的文风受到富兰克林很多启发。

出版一本书，这个大多数人不敢想象的目标，在富兰克林的拆解下却成为一件可训练、可实现的目标。

任何一项技能，无论是写作还是其他技能，如果真有捷径，那一定是脚踏实地一步一个脚印踩出来的。如同登山，山顶那么遥远，我们猛然一看，难免心生退意。但想着迈出这一步，再迈出下一步，走到前面那棵树旁边，再走到半山腰，不知不觉山顶已在眼前。

你是否也经常有这样的困惑：每天都很忙，却不知道到底在忙些什么；对现状不满意，却提不起劲改变；立了一堆目标，结果一个也没完成；在迷茫的生活中奔波，疲惫不堪，感到空虚，找不到自己的价值。

其实改变并不难，你可以运用洛克定律调整自己的目标，一步一步往前迈进。那该如何具体运用洛克定律制定目标呢？

1. 困境想象法。

每个人都有感知偏差，往往会低估自己和目标之间的差距。华为曾有位名校毕业的高才生写了近万字的经营战略问题，结果换来任正非的一句话："此人如果有精神病，建议送医院治疗；如果没有病，建议辞退。"

为了对自己的目标有一个清晰的认知，美国心理学家加布里埃尔提出了"困境想象法"。在行动之前，仔细想象一下自己可能会遇到哪些困难，并制定解决困难的方案。

村上春树33岁时为了长久写作，决定提升自己的耐力，便开始跑步。每当不想跑步时，他几乎是程序性地用这段话质问自己："我作为小说家，既不需要早起晚归挤在满员电车里受罪，也不需要出席无聊的会议。与他们相比，我不就是在附近跑一个小时吗，有什么大不了的？"然后，想象一下满员的电车和无聊的会议，他就能系好跑鞋的鞋带。

困境想象法实际上是在现状与目标之间建立一条清晰可见的路径，当你遇到顺境时就不会骄傲自满，遇到逆境时也不会妄自菲薄，而是脚踏实地地向前。

然后，在这条路径中找到那个"甜蜜点"，即处在舒适区之外但又不太难的挑战。盯准处于甜蜜点的目标，改变最为迅速。

2. 养成微习惯。

村上春树写作38年灵感从未枯竭，每年都保持着高产量的输出。谈到高产的秘诀，他平淡地说："这跟每天坚持慢跑，强化肌肉，逐步打造出跑步者的体形异曲同工。"为此，他有意识地养成了一个近乎刻板的习惯：每天写4000字。即使灵感如泉涌，也绝不多写；如果大脑空空，也绝不少写。

优秀不是一蹴而就的，而是源于每天反复做的事。优秀是一种习惯。你可以问自己这样一个问题："要实现这个目标，我今天可以做些什么？"然后将这一行动坚持下来，不要着急，持续微小的进步也会像滚雪球一样越来越大。

3. 及时反馈。

就像打羽毛球一样，你如果永远以错误的姿势挥拍，即使练习几十年也赢不了比赛，甚至还会让自己受伤。及时反馈就是为了让你清晰地知道你做对了什么，做错了什么，以及该如何调整。

富兰克林希望自己养成13个美德，包括节制、缄默、秩序、决心、节俭、勤奋、诚信、正义、中庸、清洁、平静、贞洁和谦卑。他执着地将自己作为艺术品一般精雕细琢。他先给每一个美德做出清晰的定义，比如，节制是饭不可吃胀，酒不可喝高；再比如，平静是不为小事、常事或难免之事乱了方寸。他将美德的目标拆分到每一天，并做成一张"反馈表格"。他每周只专注培养一个美德。这一周他保证那一行中不会出现小黑点，同时在晚上记下这一天与美德有关的过失。13周为一个循环，每年循环4次。他在每一天的反馈中管理着自己的行为，克服人性的弱点，直到从底层印刷工成为美国精神的象征。

每一次的及时反馈都记录了我们的成长。我们回头看时，会发现原来我们走的每一步都算数。及时反馈就是对自己最大的负责。

日本设计大师山本耀司曾说："我相信一万小时定律。我从来不相信天上掉馅饼的灵感和坐等的成就。我要做一个自由又自律的人，靠势必实现的决心认真地活着。"

纪录片《人生七年》中，7岁的托尼出身于贫民窟，是最调皮的那个孩子，跟同桌谈恋爱，跟同学打架。导演甚至断定他28岁会在监狱里，但每一个看过《人生七年》的观众都一定会说托尼过得最快乐。

托尼7岁时，想做骑师。14岁时，为了成为骑师，他在赛马场做助理。导演问他："如果未来成不了骑师，怎么办？"他答："当出租车司机。"28岁，他参加过两次马术比赛，因为技术不合格，他真的成了一名出租车司机。他说："我一两年之后打算开酒吧。"导演问："开酒吧失败怎么办？"他毫不犹豫地说："那就继续开出租车。"直到56岁，他在西班牙买了房，还真的投资了一家酒吧，后来酒吧倒闭，他又回到英国，在伦敦郊区买房，拥有了幸福美满的家庭，过着朝气蓬勃的生活。托尼说："我这辈子，没有一件事是想做而没有做的。"

不是每一个人都能成为富兰克林、村上春树，但我们可以拥有托尼那般鲜活的生命力。古罗马哲学家塞涅卡说："有些人活着没有任何目标，在世间行走的他们就像河中的小草，他们不是行走，而是随波逐流。"

有什么样的目标，就有什么样的人生。有目标的人会在顶峰俯视这个世界；没目标的人，很可能只会在谷底仰视整个世界。

第三节

凡事等待十分钟，效果惊人

2020年11月，没有比"丁真"这个名字更火的了。

他因一个笑颜淳朴的视频意外爆火。中央广播电视总台的节目用12分钟来报道他，连外交部发言人华春莹都夸赞这个来自理塘的藏族小伙。

有了这一波波的热度，丁真赫然成了现象级爆红人物。丁真走红第三天就收到了不少选秀节目和"网红"公司的邀约。很多人担心他会被过度营销，担心他和其他红极一时的人一样昙花一现。

出乎意料的是，丁真并没有出道，而是选择成为家乡的国企员工，参与当地的旅游文化宣传。当地文旅体投资发展有限公司总经理杜冬冬称："我总担心过度娱乐化会过度消费毁了孩子，对丁真、对理塘都不好。但我也担心拒绝这个、拒绝那个，错过了大家对丁真的热情、对理塘的热情。"

即便如此，他还是替丁真拒绝了所有的综艺活动和选秀活动。杜冬冬在采访中说道："我们有信心把孩子培养成功，他不红了还可以做讲解员，可以去做导游。"

很多网友说，杜冬冬真的是人间清醒。面对当下的诱惑，杜冬冬思考过后便选择了舍弃，着力思考丁真的长期发展，着重思考丁真未来的规划。虽然丁真一时拥有娱乐圈的巨大流量，可是谁又知道，在被过度消费后他会不会被遗忘呢？唾手可得的利益固然让人心动，可谁又敢保证这不是裹着蜜糖的砒霜呢？所以，遇到诱惑时不妨再等等看，谨慎思考后再做决定，千万不要因为一时的冲动被利益蛊惑了心智。

2020年11月，第33届中国电影金鸡奖颁奖典礼在厦门正式落下帷幕，获得"最佳女主角"奖的周冬雨再度让人惊艳。拿下这个奖项后，周冬雨已经集齐了"金马奖""金像奖""金鸡奖"，实现了华语电影三大奖的大满贯。

其实，周冬雨出道之初，从长相到衣品，再到演技，无一不被外界指责。参加综艺节目被指情商低，接受采访被嘲笑英文差，穿衣打扮被吐槽太土，以"谋女郎"的身份出道，却被骂得很惨。电影《山楂树之恋》虽然让她成名，却并没有人看好她。好在周冬雨争气又努力，成名后她选择进入北京电影学院学习表演，默默积累，最终一步步获得成功。从不被看好到众人祝福，周冬雨走了整整10年。

心理学中有一个"等待十分钟法则"。顾名思义，它是指我们在面对各种诱惑和欲望时，应该让自己等待十分钟之后再做决定。在这十分钟里，我们需要思考更长远的事情。

神经科学家发现，十分钟的等待能在很大程度上改变大脑处理奖励的方式。

不要轻易被眼前的利益诱惑，要选择"等待十分钟"，也许会发现更好的选择。

那我们该如何在生活中利用"等待十分钟法则"让自己拥有更多选择呢？

1. 克制欲望。

成年人顶级的自律是做到克制自己的欲望。当一个人的欲望超出自己的能力范围时，贪婪和嫉妒会让他遭到毁灭性的打击。

知乎上有一篇文章，作者讲述了自己潜伏在"贷款群"里的经历。群里都是欠十几万元、几十万元，甚至几百万元的人。很多人一辈子都挣不来这么多钱。每天看着群里的年轻人因为负债生活暗无天日，感觉他们就像活在阴沟里。他们说，真的太后悔了，为什么要因为一时的欲望和贪婪让自己陷入绝境呢？

他们刚开始可能是因为一个包包、一套护肤品，经受不住诱惑，最后一点点深陷其中。当初他们如果能再理性一点，能再等等，等自己经济独立后量入为出，也许现在就不会这么惨了。

生活中人们有太多的欲望，很多人头脑一热就被欲望拉进了深渊。但也有人选择再等等看，及时刹车，克制欲望，反而做到了全身而退。人有欲望很正常，可是欲望不应该成为我们前进的阻碍。善于克制欲望，人生会拥有更多选择权。

2. 耐心等待。

曾国藩说："做大事，重要的是耐烦。"一个没有耐心的人，别说十分钟，就连三分钟都不愿意等待。

有这样一个故事：李鸿章曾推荐三个人去拜见曾国藩。曾国藩没有立即接见他们，只是站在暗处悄悄观察。半个小时过去了，曾国藩发现，那三个人中已经有两个人等得不耐烦了。其中一个东张西望，看屋内的摆设；另一个虽规规矩矩站在庭院里，却也显得神色焦急。只有余下的那人神态自然。

于是曾国藩对李鸿章说："你推荐的三个人中，只有一个人能用。"李鸿章十分惊奇,忙问是何道理。曾国藩说:"做大事,最重要的是耐烦。这三个人中只有一个人耐得住性子,他将来必成大器。"

曾国藩看中的那个人,就是后来中法战争中的大功臣刘铭传。

一个缺乏耐心的人很容易变得心浮气躁。柏拉图说:"耐心是一切聪明才智的基础。"现代很多人的状态是:买了书,看不了几页就玩起了手机;下载了几款学习软件,打开一次后就被游戏取代;热衷于读各种速成秘籍,喜欢看7天、21天成功学。可是,别人攒了几十年的经验,你凭什么短短几天就能获得呢?多一点耐心,你会发现阅读也很有趣,静下心来学习也很美好,想要的东西都会慢慢拥有。

3. 贵在坚持。

《微习惯》的作者斯蒂芬·盖斯原来是个懒虫,为了改掉这个毛病,他开始研究各种习惯养成策略。为了养成健身习惯,他决定从每天只做一个俯卧撑开始。后来,通过每天做一个俯卧撑的方式他成功拥有了好身材。接着,他规定自己每天写50个字、阅读两页书。他轻而易举地坚持下来,并且成功出版了三本书,成了畅销书作家。

很多人并不相信坚持的力量，可事实告诉我们：你坚持的每一件事情都会为你创造价值。坚持有什么好处呢？大概就是能让你走过的每一步都留下痕迹，这些痕迹恰好又能帮助你成为更好的自己。

人生漫漫，等拒绝了短期诱惑再坚持坚持，终将迎来坦途大道。

詹姆斯·艾伦说："当被欲望控制时，你是渺小的。当被热情激发能量时，你是伟大的。"真正厉害的人都懂得控制自己的欲望，延迟满足。

实践证明，神奇的"等待十分钟法则"非常有效：想买某样东西时，逛十分钟再决定；遇到诱惑时，先让自己冷静十分钟。你会发现，逛十分钟再回来，购物的欲望一点也没有了；冷静十分钟后，这点诱惑也不过如此。

任何时候，遇事不妨先等"十分钟"。十分钟看起来很短，却能帮助我们做出最佳选择。

第四节

你怎样看待生活，生活就会怎样对待你

我曾在网上刷到过一个视频，感触颇深。

视频中丈夫开着车，妻子坐在副驾驶位。突然，对面一辆大货车撞向围栏，飞落下来的碎片砸到前挡风玻璃上，整个前挡风玻璃都碎了，情况非常惨烈。可妻子的反应却很可爱，她没有哭喊，没有漫骂，而是开心地说道："老公，我们可以换车了。"听到妻子调皮的话语，丈夫也暖心地回应："还好开车的不是老婆。"说着，丈夫赶紧把车熄火，下车报警。下车后两人还不断感叹："还好我们都活着。"

面对突如其来的车祸，或许大多数人都会自责或指责他人，又或者抱怨自己为什么这么倒霉。这对夫妻既没有互相埋怨，也没有陷入负面情绪，而是选择看事情积极的一面，让人不禁钦佩两人的勇气和智慧。

法国小说家大仲马说："烦恼与欢喜，成功与失败，仅系于一念之间。"一念天堂,一念地狱,生活如何,完全取决于我们的内心。我们怎样看待生活,也将被生活同样对待。

你的认知决定了你的情绪和行为。

我曾听过这样一个故事。一个失恋的年轻人非常郁闷,他去找一位朋友倾诉。朋友问他:"如果你在车上坐着,把刚买的几本新书放在了旁边的座位上,这时,走过来一个人,他不小心坐到了你的书上,还把书压出了折痕,你会怎么办?"年轻人说:"那我一定很生气。"朋友又说:"如果我告诉你他是盲人呢?"年轻人不好意思地说道:"那我会原谅他。"过了一会儿,年轻人又说:"还好座位上放的不是油漆,或者尖锐的东西,要不然会伤到对方。"

如果视力正常的人压到书籍,就是不可原谅的;如果对方是盲人,那就是可以原谅的,甚至是需要同情的。面对同样的事情,为什么年轻人的态度会大相径庭呢?

原来我们被自己的思维模式操控了。美国心理学家埃利斯提出了著名的ABC理论。A(activating event)表示我们经历的外界发生的事件,B(belief)代表的是我们的信念和想法,C(consequence)表示结果。

面对同样的事情,如果我们的认知不同,我们就会产生不同的情绪或做出不同的行为。简言之，你的认知决定了你的情绪和行为。认知不同，事情的结果也不尽相同。

不合理的认知会造成不恰当的情绪和行为。

古希腊哲学家爱比克泰德曾说："人不是被事情本身困扰，而是被其对事情的看法困扰。"让我们难过和痛苦的不是事件本身，而是对事情的不合理的认知。

生活中我们通常会陷入哪些不合理的认知呢？

1. 我只有成功了，别人才会看得起我。

知乎上有这样一个求助："从小到大我一直挺优秀的，以全校第一的成绩上了211大学，本科时拿到了国家奖学金，还顺利保研。可是，读研的三年时间里，面对比自己优秀的人，我就会陷入情绪低落，特别是在面对学业压力、就业压力时，我害怕自己不能顺利毕业，也害怕自己不能找到心仪的工作，我该怎么调整自己？"

对成功的强烈渴望让这位网友觉得自己应该比别人强，凡事都要比别人优秀。他但凡做得差一点就失落不已，没有了旁观者赞赏就自怨自艾。这种"我只能成功"的认知一点点累积，成为压垮他的稻草。

2. 我必须完美，别人才不会抛弃我。

生活中我们总在追求完美，希望自己是完美的，爱人是完美的，生活、婚姻、事业都是完美的。可事实上，生活从来都不是完美的，也不存在十全十美的人。

歌手邓紫棋在13岁时就创作出了《睡公主》，被称为"小才女"。然而，因为身材不够瘦削，她被媒体嘲讽，一度陷入了"你很胖"的风波中。面对别人的嘲讽，她陷入了自卑情绪。她直到看到电影《超大号美人》中的蕾妮虽然身材并不瘦削但依然自信、美丽，这才明白，美不是由胖瘦来定义的。从此她不再追求别人眼中的"完美"身材，而是学会接纳自己的身材。

被完美主义裹挟，陷入片面的自我怀疑和否定，产生消极情绪，会让生活失去应有的色彩。

3. 我的生活会一直这样糟糕下去。

没考上大学，觉得一切都完了；离婚了，认为"我的人生太失败了"；被辞退了，感觉整个人都被否定了，觉得"我真的是太无能了"。因为发生了不愉快的事情，就认定自己一辈子都这样了。因为生活曾经或此刻很糟糕，就觉得生活会一直这样糟糕下去，于是每天垂头丧气、浑浑噩噩，陷入不良情绪的恶性循环中。

一个人如果一直坚持这种错误的认知，就会陷入不良情绪中一蹶不振。认知决定了我们对一件事情的反应。当我们陷入"我必须成功""我必须完美""我的生活会一直这样糟糕"的错误认知时，就容易被负面情绪绑架，从而失去对生活的热情。

建立正确的认知，才能掌控情绪。

错误的认知就像枷锁，将我们禁锢在失落和压抑的氛围中。当我们用正确的认知取代错误的认知时，生活才能减少痛苦。如何才能建立正确的认知呢？

1. 学会肯定自己的付出和价值。

电视剧《爱的厘米》里，关多云"被离婚"。她以为自己全心全意呵护这个家就能得到丈夫的爱，结果换来的却是丈夫的埋怨。面对离婚这个突如其来的打击，她没有自我否定，也没有消沉堕落，而在深刻反思之后觉得应该去开启新的生活。于是她搬出了那个让她伤心的地方，开始创业，一心一意把自己的生活过好。

任何事情，不管你付出了多大的努力，都会有或好或坏的结果出现。一段失意的经历不代表整个人生失败。面对婚姻失败、职场瓶颈、生活搁浅，不要贬低自己，而要肯定自身的价值，让自己从消极情绪中抽离出来才是明智的选择。

2. 学会运用积极的心理暗示。

有这样一个故事。一个年轻人觉得自己怀才不遇，又加上生活的打击，陷入了悲伤、沮丧的情绪。这天他来到海边想要结束自己的生命，碰巧被一个到海边打鱼的老渔民看见，老渔民用渔网把他救了上来。

老渔民问他跳海的原因，年轻人说了自己怀才不遇的苦衷。老渔民说自己可以帮年轻人解决烦恼。说着，老渔民从沙滩上拾起一粒沙扔到远处，让年轻人去寻找。年轻人气急败坏，觉得老渔民在戏耍他。随后，老渔民又捡起地上的一颗珍珠扔到远处。这次年轻人很快就找到了那颗闪闪发亮的珍珠。

年轻人这才明白，要想让自己与众不同，首先要把自己打磨成无比珍贵的珍珠，而不是一直做普通的沙子。陷入低谷时，我们要赋予自己积极的内在力量。我们能够正视自己的处境，积极寻求出路时，才能真正走出低谷。

3. 学会接纳不确定性。

美国作家斯宾塞·约翰逊说："唯一不变的是变化本身。"我们总想让生活按照我们预期的方向发展，希望生活顺风顺水、家庭美满幸福、仕途平步青云。然而，生活总是充满了变化。

纪永生，一个30岁出头的东北小伙子，按照原本的人生计划，他应该会和女朋友结婚，努力工作赚钱，从此过上幸福美满的生活。然而，他的视网膜突发病变，无法治愈，视力将会一点点模糊，直至失明。

突如其来的病情把他的人生步调全打乱了。他决定辞去工作，骑行川藏线，做单身主义者，用另一种方式度过人生。他说："我们总在追求一个完整的、充满确定性的人生：一份稳定的工作，一段不会分开的恋情，一个拥有无限可能的未来，好像这才是正常人该有的生活。"

怎么可能呢？生活并不会跟你讨价还价，有时还会出其不意地敲打你一下。我们每天都在面对不确定性，要学会在"变化"中生存和做决定，这样才能过好一生。

日本作家岸见一郎在《被讨厌的勇气里》中写道："决定你的生活方式（人生状态）的不是其他任何人，而是你自己。"

你的思维模式决定了你的人生状态。你怎样看待生活，你的生活便是怎样的。同样身处孤独，有人能看到孤独的价值并提升自己；同样面对婚姻琐碎，有人能看到琐碎中的幸福，懂得珍惜；同样对待失败，有人能从失败中发现机遇，重整旗鼓。

换一种想法，换一种心情，也许你的生活就会大不相同。

第五节

为什么你那么努力却碌碌无为

朋友开了一家培训公司，开张半年，客户越来越少，资金链一度断裂。公司紧急召开了一个内部会议，不承想，这次会议最终扭转了公司的命运。而起到关键作用的那位员工竟然是平时大家都看不上的人，别人加班加点时从来看不见他的身影，甚至周围的同事也觉得他整天无事可做。

会上大家谈论接下来公司该如何走出困境时，这位员工说："现在做培训需要有几家大公司客户，不然很难撑下去。据我观察，现在职场人的压力太大了，'创意培训'更有前景。现在很多培训都在针对技能方面进行加强，却忽略了精神方面的提升，我们可以开发诸如禅修之类的新型培训课程。一方面能够帮助员工解压，另一方面能激发他们内在的驱动力。最近我忙着做十几家大公司的调研，方案最快一周后就能做出来。"

正是这位员工的一席话让朋友的公司起死回生打开了新局面。正是这次经历，让这位员工成为公司的核心成员，即便后来发生人事变动，他也能屹立不倒。

日本北海道大学曾做过一个实验，研究对象是三组蚂蚁，每组30只。研究的主题是：它们是如何活动的？

实验人员发现，大多数蚂蚁都是非常勤奋的，一直处于忙碌的状态。它们会一刻不停地寻找食物，找到后就急急忙忙地搬运并储藏起来。但有一小部分蚂蚁非常奇怪，它们东张西望什么也不干，可以说是当之无愧的"懒蚂蚁"。

一段时间后，出乎意料的事情出现了。蚁群突然失去了食物来源，那些平时辛辛苦苦搬运粮食的蚂蚁顿时失去了方向，不知道该怎么办。而那些平时懒洋洋的蚂蚁此刻却开始行动起来，它们带领蚁群找到了新的食物。

这一结果惊呆了实验人员，原来懒蚂蚁并不像它们表现出的那样无所事事，它们只不过是在大多数蚂蚁"行动"时选择了"安静"，在其他蚂蚁搬运食物时选择了观察和思考。正因如此，它们才能在蚁群面临断粮危机时迅速找到新的食物来源，稳定军心。

不得不说，这群"懒蚂蚁"在关键时刻发挥了至关重要的作用，这一现象也被称为"懒蚂蚁效应"。

懒于杂务，才能勤于思考。

其实朋友公司那位扭转乾坤的员工以及老板们心甘情愿养着的"闲人"就是"懒蚂蚁"。为什么这些"懒散"的人能在职场中起到关键作用，得到更重要的职位呢？那是因为当所有人都在为眼前的事情忙碌时，他们却懂得停下来观察和思考。成功往往更青睐眼光敏锐、善于思考的人，而那些终日陷入无尽的忙碌、不懂得思考的人更容易变得平庸。

一名学生常常在实验室里一待就是一天，但他的研究没有任何进展。一天他的导师问他："清晨你在干什么？"学生回答："我在做实验。""那么上午呢？""也在做实验。""那下午呢？""还是在做实验。""晚上呢？""也是在做实验。我每天早晨5点起床，然后立即赶到实验室来做实验，一直到晚上12点才上床休息。"此时教授已经明白他的研究停滞不前的原因了，于是又问他："那么你什么时候思考呢？"学生听后愣在原地。是啊！自己一直在忙着做实验，却没有留出时间整理、分析得到的数据，这样怎么可能会有进展呢？

如果一个人不善于思考，那么无论他学识多么渊博、做事多么勤奋，他都很难有创新和突破。我们在职场中也是一样，如果一直忙忙碌碌，无法静下心来思考，就只能是公司的一颗螺丝钉，随时都有被取代的可能，而时刻观察市场环境和内部经营状况，善于发现问题并解决问题，才有可能成为不可替代的"懒蚂蚁"。

有人说："低头走路时千万别忘了偶尔抬头看看天。"我深以为然。一只勤劳的蚂蚁会让自己衣食无忧，而一只会思考的"懒蚂蚁"则会让一个家庭、一个团队走得更远。千万不要陷入整日忙碌之中，而忽略了最重要的思考。

如何成为一只会思考的"懒蚂蚁"呢？给你三个建议。

1. 认知：重新认识"懒蚂蚁"。

用全新的眼光去看待身边那些"偷懒"的同事，并发现他们身上的"懒人"特质。

要知道，一个人但凡能在一家企业站稳，就一定有其过人之处。那些"偷懒"的人并不是真的什么都不做，而是能在别人焦头烂额时找到高效的方法，在更短的时间内完成手头的工作。

"奇瑞"汽车在汽车行业一直有着不可小觑的竞争力，但很少有人知道它最初的研发班底是从其他公司淘汰下来的"懒蚂蚁"——10多位集体跳槽的工程师。

当时一些汽车公司热衷于获得短期利润，需要勤快的人，而这些技术人员看着就像不干活的"懒人"，因此他们很快就被淘汰了。但人们不知道，这些"懒人"之所以擅长"偷懒"，是因为他们清楚地知道该如何简化工作流程，快速解决问题。

2. 聚焦：设置自己的关键绩效指标。

当日常工作变得繁重时，为了尽快把当前的事情完成，我们往往会沉迷其中。于是我们很容易为了工作而工作，却忘记思考自己到底想要达成一个怎样的目标，怎样解决这类问题，以及有没有更便捷的方式或更简单的流程。

此时我们需要设置一个关键绩效指标，也就是完成一件事情后进行思考和总结：我为什么要做这项工作？这项工作背后有公司哪些深层的考虑？这项工作是我必须做的吗？怎样才能简化工作内容，实现高效工作？

学会给自己设置关键绩效指标，学会从被动接受变为主动改变，让事情朝着自己的计划进行。当你将目光放得更长远时，你会发现很多事情都会变得得心应手。

3. 精进：慢下来，并学会如何思考。

在这个竞争日益激烈的时代，一切都变化得太快了，想要脱颖而出，就要学会思考。

其实人与人大部分都是相似的，只有一小部分存在差异，但正是这一小部分起着关键作用。很多香水公司的香水主要成分都是酒精，比拼的就是每家公司的秘方。对人来说，那秘方就是每个人的思想深度和品格修养。香精要五年、十年才能成为香水中不可或缺的原料，人亦如此。人们只有脚踏实地地向前，在经历中锻造、锤炼，学会思考，沉淀出内涵，才能散发出独特的魅力。

人们常说"成功没有捷径"，确实，成功需要付出许多努力。然而，在通往成功的诸多道路中我们可以通过观察和思考找到最靠谱的一条。海伦·凯勒曾说："真正的盲人并不是那些双眼失明的人，而是那些不善思考、没有远见的人。"

第六节

讨好型人格自救指南

电视剧《我的前半生》中，贺涵对罗子君说："别担心他们觉得你坏，也别管别人说什么，何苦为了讨好别人委屈你自己？"可有不少人总是习惯性讨好别人，苦了自己。比如下面这三位来信的书友，就因为讨好成瘾搞砸了自己的生活。

书友：小念，女，26岁，职场新人。

春节前我正在赶一个着急的方案，有个女同事要去接孩子放学，拜托我帮她收一下尾。我真的很想拒绝，可看着对方诚恳的表情，那个"不"字怎么也说不出口。"我要是拒绝了，她肯定会很失望。""这显得我多坏啊，我可不想当坏人。"

抱着这样的想法，我答应了同事的请求，结果耽误了自己的事情，甲方百般挑剔，上司也对我很不满意。类似的事情每天都在发生，入职三年，除了受委屈，一无所获，这让我感觉自己糟透了。

书友：乔安，女，32岁，二胎妈妈。

我就是那种永远都不会生气的人。我妈从小就要求我做个听话、懂事的淑女。结婚以后我一直都围着老公、孩子转，像机器人一样操持着家里的一切，没有任何怨言。可我不是机器人，我也会累，会难过！

生完二胎后我患上了产后抑郁症，老公雇了保姆和月嫂让我好好休息。可我很害怕，我怕自己成为家庭负担，怕老公会因此嫌弃我……我总觉得一个对家庭没有贡献的女人没脸待在家里。

书友：林旭，男，37岁，一个家庭的顶梁柱。

疫情防控期间，我们一家五口住在一起，妈妈和老婆矛盾不断，我夹在中间两边不是人，讨好哪一边都会挨骂。

有时老婆受委屈了，冲我抱怨，我就恭恭敬敬地听着；有时妈妈受委屈了，找我诉苦，我也老老实实地听着。可老婆总骂我"不像个男人"，妈妈也吐槽我被老婆管得太严，连孩子都在作文里写"我的爸爸是'妻管严'……"。

这样的日子过得真窝囊，每天听着老婆和妈妈的吵架声，

我总会想：我已经做得够多了，为什么你们还不满意呢？

如此糟心的生活，你是否觉得有些熟悉？或许你也和他们一样，觉得自己如同一粒落在世间的尘埃，对他人而言可有可无；或者你也觉得必须拼命讨好别人才能获得一丝关注。

"所有人看起来都比自己强大，唯独自己很卑微"，这绝不是生活的真相，而是不成熟的心理动机强加给你的滤镜。

不懂拒绝、自我攻击、低姿态、低自尊……这些行为表征的根源都指向一点：讨好型人格。

什么是讨好型人格？不同于社交礼仪中的谦让和付出，讨好的本质是"我很卑微，我的感受不重要，只有你开心了我才会感到开心"。讨好者总是把他人的感受放在首要位置。即使内心并不想照顾对方，但害怕与人起冲突的习惯还是会让讨好者选择"委曲求全"。

蒋方舟曾在综艺节目《奇葩大会》上自曝从小就是"讨好者"。由于年少成名，身边大咖众多，蒋方舟总觉得他们都是对的，自己是棵"小白菜"。

成年后谈恋爱，她把这种性格也带进了亲密关系里。男朋友在电话里责骂她，她用了整整两个小时道歉。对方觉得很敷衍，不停地给她打电话。蒋方舟看着几十条来电显示，吓得浑身发抖，可就是不敢告诉对方"不要再给我打电话了"。

宁可自己受委屈也不敢得罪别人，这种特质广泛存在于许多人身上，并且很早就开始形成了。如果你怀疑自己也是其中之一，不妨问问自己：我是否很少说"不"？我是否懂得表达自己的真实情绪？我是否愿意主动发起争吵？我是否总是把所有错误都揽在自己身上？

讨好者的讨好行为本质上是一种"攻击"。借着讨好别人来攻击无能的自己，又因为痛恨自己的无能越发讨好他人，如同一个解不开的死结。

这个"死结"最初到底是如何形成的呢？看过电影《被嫌弃的松子的一生》的人都会感叹：父爱的缺失真的会害得一个孩子作茧自缚。

松子的父亲偏爱妹妹，每晚都读故事给妹妹听，幼小的松子只能藏在门后，从缝隙里偷看这温馨的一幕。一次，松子偶然发现朝父亲扮鬼脸能够哄他开心，从此她就放弃了做自己，用扮鬼脸来讨好父亲。

得宠的妹妹，失衡的父爱，缺席的母亲……残缺冰冷的原生家庭让松子变成了曲意逢迎的"讨好者"。学生偷了钱，她为了庇护学生，谎称是自己偷的，最终被学校开除，她感到非常不解：我明明是为了学生着想啊；男友是个暴力狂，总是对松子拳打脚踢，还要求松子去做浴池女郎挣钱，松子不仅不反抗，反而为了留住男友，对他言听计从。

松子的内心是卑微的，无论付出多少，她的内心都如同黑洞一般，填补不了童年缺失的爱。

那该如何改变讨好型人格，找到自己真正想要的生活呢？

1. 放下包袱，学会拒绝。

讨好者害怕的不是拒绝他人，害怕的是"如果不讨好，我就会被抛弃"。这种观念压在讨好者的心里，如同一座大山。要想从根源上改变讨好行为，就要把这座"大山"移开。

这里推荐给大家一种改变讨好行为的方法：对着镜子练习拒绝，放下包袱。每天早晚对着镜子说"不，我无法接受你的请求""很遗憾，我还有自己的事情要做""抱歉，我做不到"，或者面带微笑地说"我很棒，我不需要讨好任何人""如果我感到不愉快，我可以礼貌地说出来""我不欠这个世界任何东西"。

心理学家认为，外在牵动内在，日复一日的行为养成习惯后也能改变人的心理。每天对着镜子练习是一种行为改造，做得多了，自然能对人格产生真切的影响。

2. 正视自己，建立自信。

列一个表单，在左侧将自己的缺点写下来，在右侧将自己的优点写下来，然后一一对比，从而更加客观地了解自己。这就是心理咨询中的"家庭作业练习法"。

在练习的过程中，讨好者会发现自己并非一无是处，那些优点能慢慢唤醒藏在他们心底的自信。在自我提升、改变自我的过程中如果感受到了突破，哪怕只是一点点，都可以写进作业里，并在旁边写下一句鼓励的话。比如，我可以！我能做到！

随着生活阅历的积累、人生高度的扩展，你会对自己的能力越来越有信心，以往那个难以说出口的"不"字终将能够脱口而出。

3. 找到自我，建立边界。

讨好者之所以痛苦，是因为边界意识模糊。他们总是把他人的责任揽在自己身上，因此他们急需建立边界意识：分清楚哪些事情是自己需要做的，必须承担起责任；哪些事情是别人需要做的，与自己无关。

如果无法建立清晰的边界意识，不妨参考以下方法，比如阅读、学习新的技能或旅行。看得多了，眼界自然更广；走得多了，世界自然更大；接触的人多了，信心自然更足。

希望大家都能够行动起来！有谚语说："人就像一只表，以行动来定其价值。"其实一个有价值的人并不需要通过讨好他人来证明自己，只需要做好自己，就足够散发特有的光芒。

第七节

疗愈来自原生家庭的创伤

原生家庭，就是一个人的宿命。

把"原生家庭"拿出来说事的电视剧这两年可谓比比皆是。《欢乐颂》里的樊胜美，《都挺好》里的苏明玉，还有《安家》中的房似锦，都是原生家庭不太好的典型。

要说出身凄惨，房似锦可以被评选为"年度最惨女主角"。房家三个孩子都是女儿，家里人盼着生个儿子，见第四胎又是女儿，干脆打算扔到井里淹死，结果这个命大的孩子被爷爷救了下来，后来给她取名"房四井"，意思是"扔到井里没被淹死的家中老四"。

长大后房四井将名字改成房似锦。爹不疼娘不爱的房似锦从小就活得像个奴隶。姐姐们常常通过虐待她来撒气，父母不断逼迫她辍学打工供弟弟上学。顽强的房似锦硬撑着一口气，渴望和原生家庭划清界限，揣着一千块钱背井离乡来到上海，想拼出个名堂。啃馒头、住地下室、忍饥挨饿，房似锦为了生存吃尽了苦头。好不容易奋斗成房地产公司经理，没想到依然逃不出原生家庭的牢笼。父母将她当成摇钱树，时不时打电话跟房似锦要钱，她给不出就去她公司门口撒泼，当着全公司员工的面让她难堪。

童年幸福的人一生都在被童年治愈，童年不幸的人一生都在治愈童年。从房似锦身上，我们能看到原生家庭深深的烙印。

由于从小忍饥挨饿，她吃包子时总是两口就吞下去，还意犹未尽地舔舔指头；由于从小没被父母疼爱过，她不知道如何与人交心，对待员工极其苛刻，一言不合就火冒三丈。

奥地利心理学家弗洛伊德认为："一个在妈妈怀里受宠的孩子，终生都会保持一种征服欲。那种成功的自信往往会带来真正的成功。"

小时候父母给予孩子的情感支持会潜移默化地融入孩子的生活习惯中，支撑孩子不断前行。如果父母的爱不足以使孩子获得自信，也许终其一生，孩子都将步履维艰。

从房似锦身上，我们能看到摆脱原生家庭有多难。从小就被父母追着打，为了避免挨打，房似锦只能让自己跑得快一点，再快一点，结果一不小心就得了长跑冠军；童年吃苦挨饿惯了，房似锦的上进心无比强烈，她靠着埋头苦干当上金牌销售，年入六位数，在一线城市混得有头有脸。

尽管如此优秀，房似锦也没有多开心，因为她的父母始终看不起她。父亲出车祸，她第一时间赶回家，全家人无视她，只有剧中的男主角贴心地给她煮了一碗面。可是比起同样情况、同样家庭的孩子，房似锦已经算是"逃出生天"，靠自己的本事打拼出了一片天地。

美国社会心理学家马斯洛认为，当人们吃饱穿暖之后就会渴望爱和归属感。如果此刻这个人身边缺乏关爱，沉睡在心底的原生家庭的伤害就会重新浮现。

世界以痛吻我，我却报之以歌。每个人的原生家庭都不完美，但这并不影响我们拥有更好的人生，关键在于：你如何应对原生家庭带来的伤害。

美国家庭治疗师萨提亚提出，每个人都和他的原生家庭有着千丝万缕的联系，而这种联系将会影响他的一生。但世间万物都不会永恒存在，原生家庭给人带来的伤害也是如此。所有的创伤都是刻在沙滩上的印记，海水冲过之后便会消失无踪。因此，能够把原生家庭的烂牌打好的人都有一个共同特质：能够与自己和解，与父母和解。

很长时间以来我们都在与童年的创伤搏斗，但这种敌意并不是针对父母，而是针对童年时期那个无能为力的自己。学会与自己和解，就要学会放下内心的敌意，停止与内心幻想出来的那个自己搏斗，学着拥抱那个自己。这拥抱会如同曙光，照亮我们内心那个缺爱的世界，温暖我们内心的小孩，让他/她不再焦虑惊恐，慢慢变得平静。

与自己和解，能够改变我们看待世界的态度。学会与父母和解，能够从根本上改变我们和原生家庭的关系。这需要我们做到以下三点。

1. 给父母写一封信。

心理咨询中有一种家庭作业：将你受到的伤害和压抑的情绪写成一封信，寄给你想要倾诉的人。这种举动能使你放下过去，迎来新生。

面对面向父母说出心里话并不容易。因为父母不一定认为他们错了，如果双方思维差异太大，就更难沟通。这时写信就是很合适的方式。你可以考虑将写好的信送给自己的父母，也可以将信件藏起来。如何处理信件并不重要，重要的是你能否通过写信将心里压抑的感受释放出来，并且意识到自己的一些问题，例如自己总是反复爱上不该爱的人、做一些不该做的事。如果能这么做，你就已经走出了与原生家庭和解的第一步。

2. 理解父母不是完人，任何人都会犯错。

心理学家认为，在孩子心里，他们认为父母应该围着自己转，不应该犯错，更不应该离开自己。但父母并不是完美的人，他们有缺点，有自私的一面，也会在不经意间伤害到孩子，因此每个孩子内心都会有不同程度的来自原生家庭的创伤。

当你对父母感到愤怒、恐惧、厌恶时，不妨在心里想想：任何人都不完美，我的父母也不完美，但我可以选择关注、学习、模仿他们好的一面。

3. 学会划清界限，不要把父母的错揽在自己身上。

奥地利心理学家阿德勒认为，孩子在成长过程中必须学会与父母分离，在心理上与原生家庭划清界限。

3~5岁的幼儿处于"自我为中心"阶段，会将父母犯的错归咎于自己，认为"都是自己不对"，父母才会伤害自己，但这种想法并不正确。稍微长大一点后孩子会对这种想法感到困惑：真的是我不对吗？难道父母就没有任何问题吗？孩子会在成长中慢慢懂得自己不必为父母承担过错。

这种想法会推动孩子的心智走向成熟，成年后孩子就能学会分离：将父母的错归于父母，将自己的错归于自己，不再把所有的过错都揽在自己身上。唯有实现心理上与父母的分离，孩子才能真正成长起来，在过好自己人生的同时，也能从心底理解父母。

很多孩子都有不够完美的原生家庭。俗话说性格决定命运，原生家庭的相处模式在一定程度上决定了孩子未来的走向。但孩子未来会成为什么样的人，原生家庭的因素只占一半，另一半取决于孩子自己的努力。越是原生家庭不幸的孩子，越要在心理变成熟的旅途中不断探索、不断前进，要相信：父母遗留在自己身上的创伤终有一天会平复，黑暗的过往终将翻篇，自己终会迎来鸟语花香的春天。

第八节

"杜根定律",是一种选择

　　哲学家苏格拉底直到临终都有一个遗憾。他一直想找一位关门弟子继承他的衣钵,但多年的得力助手寻找半年依然没找到令他满意的弟子。眼看老师即将告别人世,助手泪流满面地说道:"老师,我真对不起您,令您失望了!""失望的是我,你对不起的却是你自己。"说到这里,苏格拉底无奈地闭上眼睛,沉默许久,又说道:"本来,最优秀的就是你,只是你不敢相信自己,才把自己忽略了。其实每个人都是优秀的,差别在于如何认识自己、如何发掘和重用自己。"话没说完,一代哲人就永远离开了这个世界。那位助手非常后悔,甚至自责了半生。

　　很多时候我们并不是欠缺成功的筹码,而是欠缺自信。自信是成功的基础,没有自信的人是无法获得成功的。

因为相信，所以能行。

综艺节目《乘风破浪的姐姐》中最让我心疼的莫过于袁咏琳。她以周杰伦师妹的身份出道，曾凭借一首《画沙》惊艳了无数人，身材、长相、唱功、舞蹈、器乐俱佳，舞台表现力也很好，但就是不红。究其原因，就在于她不够自信。

在节目中她好不容易鼓足勇气当上队长，却一次次因为担心自己能力不足想把队长的位置拱手让人，幸亏宁静、阿朵、郑希怡这些大姐姐一直鼓励她，她的心态才没有崩。就连她自己也说，如果再自信一点，自己也不会混成今天这个样子。

相比之下，张雨绮初演时只会唱一首《粉红色的回忆》，跳舞还同手同脚，之前也没有相关经历，但她一直自信满满。正是这种自信让她舞技、歌技一路飙升，过五关斩六将，干掉多位实力大咖，获得万千宠爱。这份自信更是支撑着她挺过两次离婚风波，一路高歌猛进，长红不衰。

杜根说："强者未必是胜利者，而胜利迟早属于有信心的人。"换句话说，你若相信自己一定会得到最好的，最后你得到的常常也是最好的，只要你足够自信。这就是"杜根定律"。

美国哈佛大学调查发现：一个人的成功85%取决于心态，15%取决于智力。这说明，足够自信的人常常能把事情办好。

相反，如果一个人骨子里总是自卑，自卑感则会扼杀他的聪明才智、消磨他的意志，让他无法发挥出真实水平，取得应有的成就。

遗憾的是，人们很多时候并不是想自信就能自信。相反，人人内心深处都藏着挥之不去的自卑，哪怕是世界上最成功的人。但任何时候我们都可以主动选择相信自己，而不是怀疑自己。

作家林清玄小时候家里很穷，学习之余还要跟着父亲去田里干农活。一次他又像往常一样望着天空发呆，父亲问："你在想什么？"他说："希望长大以后可以不用干农活，坐在家里就有人给我邮钱。"父亲笑了："做白日梦！"

后来他在书本上认识了金字塔，觉得很神奇，就想着有一天一定要去看看。父亲又笑了："做白日梦！"可是他并没有因此放弃，他相信自己只要努力学习，总有一天能够将这些愿望都实现。十几年后他如愿当上了作家，曾经做过的白日梦都一一变成了现实。

总有人说："如果我再优秀一点就自信了。现在这样子凭什么自信啊？人不能没有自知之明。"甚至从小到大我们都被教导不能盲目自信，要谦虚一点。这样想有个很大的问题。试想一下，你如果把自信全部建立在已取得的成绩上，就会很容易因为一时的得失或他人的评价否定自己的价值。而几乎所有成功人士的传记似乎都诠释了同一个道理：自信是一种态度，更是一种选择。

天生丽质、能力突出的人确实更容易获得自信，但更重要的是，我们自认为不那么优秀时也要保持自信。真正的自信是无条件接纳自己，既能肯定自己的优点，也能坦然接受自己的缺点，并愿意相信，只要努力就可以一步步实现自己的理想。正如阿德勒说的："自卑能毁灭你，也能成就你，超越自卑，你将成为内心强大的自己！"

我曾读过这样一句话：即使这世界荒芜，你也要相信，你是荒芜中最美的风景。

遗憾的是，大多数人习惯自我批判，而不是自我肯定，好像自己稍微自信一点就会变成自负。其实大可不必。

我们内心的自卑感就像地心引力一样强大，我们终其一生都在竭尽全力让自己变得更自信一些。每个人的蜕变过程都是一段找回自信的过程。若你不够自信，可以试试以下这些方法。

1. 懂得自我赋能。

自我赋能需要我们勇于突破自我，不被外在的条条框框束缚，看到自己的独特魅力，同时尽最大的努力将自己的优势发挥到极致，那样我们自然就会变得越来越自信、越来越优秀。

温妮·哈洛就是懂得自我赋能的典型。作为世界上唯一患有白癜风的超级模特，她全身布满了白斑。但她并没有因此变得自卑，而是勇敢地走上舞台，大方地进行表演。

一个人因为优点保持自信很常见，难的是接纳自己的缺点，更难的是将缺点变成优点。可真正的自信就是如此，接纳自己的全部，活出最特别的自己。

2. 保持空杯心态。

空杯心态就是放下各种预设和先入为主的想法，保持开放的态度。

我曾听过一个故事：有位学者去拜访一位德高望重的老和尚，喋喋不休地说着自己的观点。老和尚笑而不语，以茶招待。眼看茶水就要溢出来了，老和尚还是没有停下来的意思，学者着急地说："别再倒了，马上就溢出来了！"老和尚不慌不忙地说："你就如同盛满水的杯子，装满成见和看法。别人说的话你还能听进去吗？"

人生需要保持空杯心态，懂得为自己清零，这样才会一直有惊喜。

3. 持之以恒的行动力。

渡渡在《我的世界很小，但刚刚好》一书中说："一切没有行动力的计划都是耍流氓。"是啊！再完美的想法和计划，没有行动就是零。因此，决定你人生高度的不是制订出多么完美的人生规划，而是即刻行动。要知道，一个人的实力从来不是规划出来的，而是靠自己一步一步创造出来的。

画家齐白石画虾被称为画坛一绝，其实在他62岁时他才意识到自己并没有真正领会如何画虾。于是他在画板旁常年养着几只虾，反复观察虾的形状、动态，并不断练习、修改、反思，最终才有了我们今天看到的一幅幅作品。

经历得越多就越明白，很多时候一个人缺乏信心并不是因为遇到了困难，而遇到困难倒很可能是因为缺乏信心。正如威尔逊所言："要有自信，然后全力以赴。"如果具备这种信念，做任何事情十有八九都能成功。

第九节

"鲁尼恩定律"告诉你：凡事熬过去，你就赢了

　　一天晚上，外面的雨淅淅沥沥地下着，表姐打来电话，哭得稀里哗啦。一问才知道，由于疫情影响，夫妻俩失业快半年了，一分钱收入都没有，每天醒来一睁眼就是房贷、车贷、花呗、借呗、儿子的奶粉钱、父母的养老钱、生活费……如今他们把四五张信用卡都刷爆了，还是没找到合适的工作。她哭着问我："我投了不下100份简历，可他们一看我35岁，就婉言谢绝了，怎么一到35岁，找工作就变得这么难呀？"

　　网络上有一个词叫"35岁中年危机"。意思是，许多公司的人力资源部门在招聘时一律不考虑超过35岁的应聘者。还有一些互联网公司，如果员工在35岁之前还没做到管理岗，也会被公司"优化"。35岁的中年人每天都如履薄冰，危机重重。

日剧《大叔之爱》里有一句著名的台词："你不要大声责骂年轻人，他们会立刻辞职的。但是中年人你可以往死里骂，尤其是那些有房、有车、有孩子的。"这话太扎心了。现在人们的生活压力越来越大，生活节奏越来越快，竞争也变得越来越残酷。有竞争就有领先和落后。无处不在的竞争中很难有人能一直保持领先。当落后与失利时，总有人会陷入强烈的自我怀疑，从此一蹶不振。但人生是一场马拉松，一时的输赢可能并不代表失败，人生之路拼的是心态和耐力，笑到最后的才是真正的赢家。

萌萌和小琴同一时间进入公司，毕业于名校的萌萌在笔试和面试环节表现都很优秀，而毕业于二本院校的小琴几乎是擦着及格线勉强进入了公司。

进入公司后，两人也被寄予了不同的期望。老板给了萌萌很多很好的机会，而小琴则被安排做一些相对基础的工作。一年多过去了，她俩迎来首次调岗的机会，出乎意料的是，小琴顺利晋升，而萌萌却在原地踏步。

原来，萌萌虽然入职考试时表现优异，但真正被委以重任时，她总是掉链子。名校毕业生的身份外加之前的优异成绩让她一直自视甚高，她无法放低身段虚心学习，因此在一年多里进步寥寥。相比之下，资质平平、学历一般的小琴却处处留心学习，不论交给她多么琐碎繁杂的工作她都认认真真完成，从没出过纰漏。对老板而言，员工的学历背景如何他并不是特别在乎，他真正关心的是对方能否按时、保质地完成工作任务，很明显小琴做到了这一点，因此小琴最终得到了这次晋升的机会。

职场上比拼的从来不是一时的成绩，而是个人长期的表现。将目光放长远，人生某个阶段的落后与失利同样应该被乐观、积极地看待。大学毕业，同班同学出路各异，有的去了私企，有的进了事业单位，有的做了公务员，还有的去下海创业。大家的起点不同，发展速度也不尽相同，但那些一时发展得好、进步快的同学，未必在未来也能一直保持出色。只有对未来充满信心，才能对当下有耐心。

一场名为《年轻人不要让任何人打乱你的人生节奏》的TED演讲被誉为"当年最好的演讲"。演讲刚开始，演讲者就给观众讲述了一个教科书式的完美人生：18岁成年，22岁大学毕业，25岁工作稳定，30岁之前买房、结婚、生子，35岁之后人生轨迹基本定型……

很多人就这样被囚禁在设定好的生活里，一旦落后就焦虑不安。但人生没有范本，我们完全可以活出自己的步调，正如演讲中所说："25岁后才拿到文凭，依然值得骄傲；30岁没结婚，但过得快乐也是一种成功；35岁之后成家也完全可以；40岁买房也没什么丢脸的。"

如果把考查的时间扩展到一生，你会发现那些暂时的落后都不是事儿，每个人都有自己的时间表。别人可能在某个时间段遥遥领先，也可能被你远远超过，但凡事都有它自己的节奏。姜子牙80岁拜相，司马懿60多岁才得到重用，刘备40多岁才有了自己的队伍。一切都不晚，该来的总会来。如果你正处在困境中迷茫、痛苦，别怕，我来告诉你一个法则——鲁尼恩定律。

它是由奥地利经济学家R. H. 鲁尼恩提出的。鲁尼恩定律是指：赛跑时不一定快的赢，打架时不一定弱的输，笑到最后的才是赢家。

跟个人类似，企业之间的竞争同样如此。福特汽车在美国汽车历史上绝对是一个标志性的存在，它曾创造并引领了汽车行业的辉煌。进入工业化时代以后，它可以做到93分钟生产一辆汽车，那时它是美国汽车行业的神话。

只是好景不长，行业很快发生了翻天覆地的变化。当人们拥有了第一辆汽车，就开始想要第二辆、第三辆，并且他们对汽车品质的要求也越来越高。伴随着美国经济的繁荣发展和分期付款购物方式的出现，越来越多的人买得起更好的汽车了，但福特依旧沉浸在过去的成绩中，将重心放在制造上。作为后起之秀的通用汽车看到了人们对汽车需求的改变，认为产品多样化、消费分层化将是大趋势，于是制定了"满足各种钱袋、各种需求"的汽车新战略。

因为适销对路，通用汽车迅速成长为一股强劲的后浪，而福特则遭遇了重大挫折，好在亨利·福特迅速调整战略，使公司存活下来。但有些公司就没有这么幸运了，曾经辉煌一时的摩托罗拉、诺基亚、柯达，最终都没能逃脱没落的命运。

企业之间的竞争是一场长距离赛跑，暂时领先的并不一定能抵达终点，行业巨头黯然退场的案例并不少见。这就是"鲁尼恩定律"的典型表现。

如果你在竞争中暂时落后，请不要着急，做到以下三点就会柳暗花明。

1. 培养专注精神。

这个时代的诱惑太多，风口一个接一个。前几年微信公众号很火，人们就开始写公众号；写了没多久，又看到微商很火，大家又开始做微商；后来流行知识付费，人们又开始打造个人品牌；现在又追着做直播卖货。不少人一直站在时代前沿，最终却一事无成。无论在哪个竞争场合中，没有专注力，注定是落后的那一个。

坊间流传着这样一个故事。巴菲特和比尔·盖茨曾同时受邀参加一档电视节目，主持人问："两位都曾达到过全世界最富有的人的高度。你们认为现在这个时代，对大家而言最宝贵的东西是什么？"主持人要求两人将答案写在纸条上，写完之后两人不约而同亮出了同一个答案——"focus"。没错，就是专注。

白岩松说："30岁前要拼命做加法，要去尝试。因为你不知道自己有多少种可能，也不知道命运将会给你怎样的机缘。30岁之后要懂得做减法，要专注于在一个领域进行深耕。"只要足够专注，就不要怕暂时落后，时间自会给你答案。

2. 做一个长期主义者。

长期主义者不会为眼前的得失而纠结，不会为暂时的落后而痛苦，因为他们的目光足够长远。

亚马逊前首席执行官贝佐斯问巴菲特："你的投资理念非

常简单，为什么大家不直接复制你的做法呢？"巴菲特说：
"因为没有人愿意慢慢变富。"是的，人们越来越喜欢速成，
渴望一夜暴富，因此忍受不了竞争中的落后与失利，但真正的
高手都是长期主义者，都是经历了日夜的积累和锤炼才迎来最
终的成功。

3. 调整情绪，培养乐观积极的心态。

诚然，即便你能做到专注和长期主义，但面对长时间的落
后，内心偶尔也会被消极情绪侵袭，这时调整情绪、培养积极
乐观的心态就显得尤为重要。此时你可以尝试"三件好事练习
法"。每天晚上回忆当天发生的事情，从中记录三件让自己开
心的事情，培养积极的心态：在我工作或生活中发生的第一件
好事是……我感谢……在我工作或生活中发生的第二件好事
是……我感谢……在我工作或生活中发生的第三件好事是……
我感谢……

出现负面情绪时要学会放松，坚持练习瑜伽和冥想会让你
的心境变得平和。放松过后你要明白，缓解焦虑最好的方法就
是行动。只要专注做好眼前事，抱持着长期主义者的观点，最
终一定会柳暗花明。

　　"你没有落后，你没有领先，在命运为你安排的属于自己的时区里，一切都准时。"人有时候会走得慢一点，有时候会走得快一点，这都正常。走得快的时候要保持谦虚，打造自己的优势；走得慢的时候不妄自菲薄，持续努力。剩下的交给时间，你要相信："一切都是最好的安排。"

第十节

两分钟定律：拖延的死敌
叫"立刻去做"

你一定知道世界名画《蒙娜丽莎》，它的创作者是大名鼎鼎的达·芬奇。但画这幅名画用了多久你知道吗？

答案出乎意料：4年。什么原因导致的呢？拖延。

达·芬奇是典型的拖延症患者。他因为习惯性拖延，最终传世画作不超过二十幅，其中有五六幅直到他去世也没能完成交给客户。你看，原来大咖犯起拖延症来跟我们普通人也没什么区别。

说起拖延，绝大多数人都会"中枪"。你原本计划今天要做完汇报方案，想着时间还很充足，一会儿浏览网页，一会儿看新闻，一直拖到快下班，汇报方案还停留在第1页；你计划健身，健身卡办了半年多却只去过两次健身房；你一直想考工商管理硕士，但手头上一直有其他事要忙，计划了两年却迟迟没有行动……

被媒体打造了自律人设的彭于晏在接受采访时表示，"自律"是对他最大的误解。他说，现实生活中的他拖延懒散，如果不是每次接的剧本角色有要求，他根本不可能做到大众眼中的"自律"。

拖延到底是什么？美国心理治疗专家威廉·克瑙斯在他的著作《终结拖延症》中将拖延分为多种类型，其中最主要的有三种：期限拖延、认知障碍拖延和分心拖延。

1. 期限拖延。

比如，报告周三要汇报、作业周一要交等。正因为截止时间明确，所以反而会给你一种错觉：时间还有很多，可以先做点别的事。于是拖延就产生了。

2. 认知障碍拖延。

美国历史上著名的将领乔治·布林顿·麦克莱伦，曾是西点军校优等生，北方军总司令。可是在上任之后，追求完美主义的他固执地坚持"不打无准备之仗"。

在1862年的一场关键战役中，由于他拖延和犹豫不决，最终在兵力两倍于敌军的情况下错失全歼南方军队的机会，导致战争持续了三年才结束。

理性的人往往会有意无意地通过"自设障碍"来拖延。为了避免让他人失望，避免被他人否定，他们会用一拖再拖的方式来维护自身"不败"的形象，以及逃避让他们感到紧张的工作状态。

3. 分心拖延。

流量经济时代，抓住用户的注意力是媒体和商家的终极目标，因此他们无所不用其极地吸引着我们的注意力。电梯广告、车载广播、弹窗新闻等，无时无刻不在吸引着我们。在这种情况下，拖延极易发生。

对此，你需要了解"两分钟定律"。心理学上有个著名的"两分钟定律"。它是指如果你想做一件事，一定要在两分钟之内去做，否则你可能会拖延很久，甚至不去做。此处的两分钟是泛指，强调的是"立刻去做"的重要性。

为什么"立刻去做"如此重要呢？某期TED演讲就曾讨论过拖延症这一话题。演讲者是毕业于哈佛大学的高才生蒂姆·厄本。他既是职场博主，还是两家科技教育公司的首席执行官。作为一个长期的拖延症患者，他分享了自己的经验。

他用简单、形象的比喻解释了人们为何会拖延。我们的大脑中有一个"理性决策小人儿"，还有一只"及时享乐的猴子"。当我们要去工作时，那只喜欢及时享乐的猴子就会不高兴，它会干扰理性决策小人儿。如果理性决策小人儿打赢了，那么恭喜你，你很自律；如果及时享乐的猴子打赢了，那么很不幸，拖延产生了。

从精神分析的角度来说，这就是弗洛伊德说的本我和超我在做斗争。本我是人的本能，奉行的是"快乐原则"，就像那只及时享乐的猴子，它唯一的追求就是快乐；而超我是人的理想化目标，遵循的是"道德原则"。它是人对自我更高层次的要求，是由社会规范、伦理道德、价值观念内化而来的。试想一下，现在你头脑中的小人儿说："你现在需要开始写作了，你要做一个自律的人。"可猴子却说："再玩会儿游戏吧，反正晚上还有时间。"你会怎么做呢？

有没有办法让小人儿在这场战争中始终打赢猴子呢？有，办法就是不给他们打架的机会，始终采纳小人儿的建议。也就是说，你一听到小人儿说"现在需要开始写作了"，就立刻开始写作，无视猴子的声音，不要让他俩争论和对抗。因为一旦你给他俩机会对抗，小人儿就有失败的可能。不要高估自己的意志力，更不要低估人的惰性。

拖延症是成长路上的拦路虎，前进路上的绊脚石。我们该如何终结它呢？给你几个心理锦囊。

1. 不要给自己贴上"我是拖延症患者"的标签。

你可能会有做事拖延的情况，但请不要给自己贴上"我是拖延症患者"这类标签。为什么呢？因为这是一种心理暗示，这种暗示含有"自我原谅"的潜台词，会让你的那些拖延行为更具"合理性"。

心理暗示有巨大的魔力，因为人总是有某种惰性，很容易被多次重复的想法左右。重复的次数多了，人心里就会形成一种自我意识，认为自己真的是这样的。而这种意识又会促使自己采取相应的行动向这种自我感觉靠近。因此，当你给自己贴上了这类标签，你反而更难克服拖延。

2. 克服对失败的恐惧，奉行立刻行动的哲学。

一件事情如果你现在不去做，你很可能永远都不会做。很多人拖延的根本心理动机是完美主义。这种笃信完美主义的人并不要求自己每件事情都做到完美，而是过于在乎自己在他人心目中的形象。好像一件事情没做好，就会有损自己在他人心目中的形象，所以他们才会将事情拖到最后一刻解决，即使结果不好，也可以安慰自己："是因为我没有留出充足的时间准备。"其潜台词是：结果不好，绝非自己能力不行。

心理学上有个著名的"焦点效应"。它是指人往往会把自己看作一切的中心，高估别人对自己的关注程度。真相是，这个世界上并没有那么多人在乎你。因此，不要害怕失败，更不要因此而拖延，想到什么立刻去做才是最佳选择。

3. 培养单点式注意力，一次只做一件事。

有这样一个故事。一位艺术家向一位作家诉苦："我什么都干不了，因为要干的事实在太多了。答应别人的艺术品还没有制作；想去高校进修，准备工作也没开始；原本计划的家庭旅行也迟迟没有行动……"作家告诉他，有一种方法极为简单，但极其有效，可以回去试试。

一个星期后，那位艺术家惊喜地跟作家反馈："这种方法真的非常有效，我现在效率提高了很多！"作家告诉他的到底是什么方法呢？非常简单，就是一次只做一件事。

对拖延的人来说，事情是会不断累积的，未做的事情会带来更多未做的事情，事情越积压，人就会越焦虑，此时从眼下最紧急的事开始做就好了。

比如，眼下你要做的事是叠被子，那么就算你的房间已经乱成狗窝你都不要管，你只叠被子就好。在这个过程中，就算天塌下来你也只管一心一意地叠被子。叠完被子之后你可能又要做饭了，那就专心致志地做饭，不要去思考"我一会儿还要做什么""我刚刚那件事做得怎么样"，这时你什么都不要想，专心致志做饭就好。

这就叫单点式注意力，注意力只集中在一个点上，只关注一件事。

单点式注意力会让这些分散的事更好地被完成，而且完成一件事会提高一个人的自尊水平。从心理学的角度来讲，自尊水平的提高会促进一个人自律水平的提高，而这又会反过来提升一个人的自尊水平，由此进入相互促进的良性循环。

4. 把创造性工作转化为机械性任务。

罗振宇曾经讲过他高中复习的经历。当时他成绩不好，有大量内容需要背诵，但他总摆脱不了拖延，怎么办呢？最后他想了个办法，他把这些需要背诵的内容完整地抄写了5遍，后来他发现自己已经很好地掌握这些内容了，最终高考也取得不错的成绩。

在节目《罗辑思维》中，罗振宇在分享自己战胜拖延的经历时总结道：我们可以将创造性工作转化为机械性任务，这样会给大脑一个清晰的信号：这件事情并不难，只需要按照这个步骤做就可以了。

畏难情绪一旦消散，你离成功战胜拖延也就不远了。

卡耐基说："人性中最可悲的一点就是我们所有人都拖延着不去生活，都梦想着天边有一座奇妙的玫瑰园，而不去欣赏今天就盛开在我们窗外的玫瑰花。"

拖延和等待是最容易压垮斗志的东西，它会不断滋养恐惧，唯有行动是治愈恐惧的良药。所以，今天就开始挥剑斩拖延吧，现在就行动，立刻，马上！

第十一节

活在当下，才能拥有枝繁叶茂的未来

我去参加一个年入百万的作者的分享会，有一个读者提问："我该如何像你一样，在家里敲敲键盘就能挣钱呢？"只见作者微微一笑，然后感慨道："你们所说的'敲敲键盘'，我已经敲了快9年了，每年有百万字的积累，才有了今天的收入。你们只看到我现在的成绩，却没看到我无数篇被退的文章、无数次迎难而上的坚持。那些才是成就我今天的积累啊。"

"不经一番寒彻骨，怎得梅花扑鼻香。"每一场看似打得漂亮的胜仗背后都有无数次狼狈的跌倒再爬起。都说努力是需要坚持的，但并不是每个人都懂得这句话的含义。追求成功的道路并不拥挤，只是有人累了就放弃，有人累了歇一会儿继续前行。

2020年最热的直播新秀莫过于"央视Boys"。总是一本正经的康辉一改往日的严肃形象，在直播时"自黑"说："我的优势主要是脸，大家仔细看一看，这样一张标准的好人脸，难道不带货吗？"轮到撒贝宁介绍自己的带货优势时，他蹲下来说："我的优势是价格跟身高成正比。"把"便宜""性价比高"说得如此巧妙，让人不由得会心一笑。连同样表情严肃的朱广权也念起了打油诗："最近天气热到玉米都变成了爆米花，在家必须用空调、Wi-Fi、西瓜，出门带上它，就能让你笑开花！"

直播3小时，狂卖5亿元，吸引了1600多万人关注。谁也没想到，这群很少接触直播的主持人带货能力竟然如此强悍。

虽是意料之外，但也在情理之中。众所周知，中央电视台主持人的工作极其磨炼人，无论稿子多短，主持人都要练习很多遍才能正式上场；读错一个字罚款200元，还有可能丢掉"饭碗"。直播或许人人都能做，但并不是每个人都经历过一边吸氧一边主持节目的考验，忍受过每天工作十多个小时的超强负荷。

俗话说："台上一分钟，台下十年功。"经历无数个日夜的磨炼和积累，这几位主持人才练就了强大的驾驭能力，他们光鲜亮丽成绩的背后有着超乎常人的积累。"胜利者往往是从坚持到最后五分钟的时间中得来的成功。"牛顿这番话早就给出了成功的答案。

一次白岩松去高校演讲，许多学生急切地向他取经："如何才能成功？你直接告诉我一个答案吧！"白岩松回答："我治不了'急病'，只能说一些慢道理……我真的不愿意看到这个年龄段的年轻人天天拿着手机看着同质化、碎片化的东西。你一直在跟你同等智商，甚至比你智商低的人交流，所以没有任何思维上的成长。"

这个时代的人都很着急，急着成功，急着挣钱，急着出人头地。但真正有所成就的，是那些能够在关键时刻"慢"下来，耐心读一本书、耐心磨炼一项技能的人。决定一个人下限的是他贪图安逸的懒惰；决定一个人上限的是他做人做事的态度。能够长久坚持做一件事的人，无论成败，对生活的理解都会更上一层楼。你嫌坚持太累，幸运女神就会嫌你太懒。人生这条河流里，没有人凭运气就能泅渡。

前同事大勇的朋友圈忽然十分"励志"，他每晚都发读书照片，每天早晨都发跑步动态，周末还去健身房健身。但不到两个星期大勇的朋友圈就变了：读书照片变成了书封照片，晨跑动态被营养早餐取代，直接不去健身房了。我问大勇朋友圈怎么高开低走。大勇笑着说："最近公司在评选优秀员工，我只是装装样子罢了，反正领导也不会真的抽查。"

大勇进公司4年了，由于安于现状、不思进取，好几次都和升职加薪的机会擦肩而过，却只是抱怨自己"机不逢时"。俗话说，时间待人是平等的，但时间在每个人手里的价值并不相同。你以为装样子能骗得了别人，但结果并不会陪你演戏。

我曾看过这样一组图片：一个人扛着十字架走在路上，他嫌十字架太重，于是锯掉一段，锯完之后他走得又快又轻松。对比身边其他扛着沉重十字架的人，他觉得自己聪明极了。为了走得更快，他一次次锯短十字架，眼看离成功只差一步，前面却出现了一个巨大的鸿沟，别人都把十字架当作桥梁，顺利跨过了鸿沟，而他的十字架太短，没法当桥用。他只能眼睁睁看着别人获得成功，而自己除了轻松，一无所获。

心理学家弗洛伊德认为，人总是容易趋乐避苦。有些人总会为了走捷径挖空心思，到头来却是竹篮打水一场空，而那些敢于忍受痛苦和枯燥的人，最终却凭借日复一日的付出得到了命运的垂青。

辛苦过才能收获成功，付出过才能感受成长的喜悦。坚持做一件事很累，但坚持下去就会收获成功，还会收获一些意想不到的惊喜，这些惊喜也是人生的美景和财富。

2020年5月有这样一条新闻：武汉61岁的万阿姨是老年大学学员。从3月16日到5月8日，她每天坚持用手机上4~6小时的网课。万阿姨不但好学，还很讲究方法：白天看集数少的网课，充分利用碎片时间学习；晚上看集数多的网课，带着知识进入梦乡。

疫情防控期间宅在家里无聊，有人用手机追剧、玩游戏，有人用手机上网课、学习。人和人之间的差距就是在无形中拉大的。有网友感慨说："61岁的阿姨都比我这个16岁的高中生好学。"

61岁，本是安逸养老的年龄，有人却愿意"折腾"自己，秉持"活到老，学到老"的人生态度。这就是态度决定人生走向，高度决定人生格局，而成长是一个不断完善自我的过程，没有日积月累的勤奋付出，哪有惊艳众人的辉煌成就？成功很艰难，但并不复杂，只需要做好以下五点。

1. 付出时间。

没有哪棵小树苗能一夜之间长成参天大树，只有经受一天天的风吹雨打、一夜夜的望月饮露，才会有树干上一圈圈年轮的厚度。失败的痛苦一再告诫我们：虚度光阴无异于自毁前程。明智的人会和时间做朋友，知道"过去属于过去，未来属于希望，只有当下真正属于我们"。活在当下，才能拥有枝繁叶茂的未来。

2. 坚持。

电影《阿甘正传》中，有人问阿甘："你以后想成为什么样的人？"阿甘回答："成为我自己。"

十几年里，他坚守一个信条：跑起来！这个智商只有75的"低能儿"，凭借自己的坚持最终成为橄榄球明星。目标一旦确定，就要坚持到底。人生路漫漫，走得累一点、难一点，都不怕。做一个敢于坚持的人，你终将迎来属于自己的成功。

3. 努力扎根。

植物学家发现，生长在沙漠里的苜蓿茎部仅有十几厘米，根部却有十几米长。为了在没有水的地方活下来，它们拼命往地下扎根。

根基是植物的生存支撑，也是一个人成家立业之本。心术不正的人根歪了，无论获得多大的成就都会遭人诟病，甚至自毁前程。学外语需要从字母开始苦练；做大事需要从小事开始磨炼。千万不要轻视每一个开始，若想成功，必先生根。

4. 向上。

无论多小的树苗，最终都有可能长成参天大树。即使生长在悬崖绝壁，它也不会放弃向上生长的机会。人生难免遇到绝境，但只要"树干"还在，就不应该放弃向上生长的念头。跨过绝境，我们必然会变得更加坚强，未来再有风雨，我们也将不再惧怕。

5. 积极。

树木成长离不开阳光，做事离不开积极的态度。一个充满正能量的人并不只会空喊口号，而是从心底对世界满怀善意和信心。

美国心理学教授芭芭拉发现，积极情绪除了能让人更加幸福，还可以让生命更加丰富、宽广，让人在良好的环境中发展、壮大自己。因此，时刻保持积极的心态就是自带幸福的基因。不虚度光阴，不半途而废，不随波逐流，保持一颗进取心，永远向着光明前进。

人生很长，愿每一个认真生活的人都能向阳成长，活出自己的辉煌。

第十二节

珍爱自己，才是"人间值得"

不知你们有没有发现，做事"用力过猛"大多都不会有好结果。

你非常想结婚，对男友掏心掏肺地付出，对方丢下一句"有点累"就从感情里全身而退；你很想积累人脉，不停参加各式各样的聚会，好不容易交到了新朋友，结果聚会结束就不联系了；你想升职加薪，拼命加班挣业绩，上司口头表扬你无数次，却把升职机会给了另一个嘴甜的小年轻。你或许会觉得不公平、不甘心，可我想说，当你"用力过猛"，十分想得到某个结果时，最终往往会失败。

橘子今年"流年不利"，因公司裁员丢了工作，还和谈了7年的男友分手了。橘子原本不在裁员名单里，她的业绩一向很优秀，但她太想做好某个项目了，公司缺少资金停掉这个项目后，她找领导吵了很多次架，耽误了工作不说，也让领导不胜其烦。

丢了工作，没有经济来源，眼看生活跌向低谷，橘子想尽快和男友结婚，有一个稳定的依靠。谁知男友第二天就提出"我们分开冷静一下"，接着便一周不肯见橘子。这一周，橘子哭过、闹过、骂过，姐妹们轮番劝她：算了吧，他不值得。

"7年！我跟了他整整7年！他这是要跟我分手啊！7年的付出和投入，怎么能说算就算？我不甘心！"橘子发誓"我一定要让他没有好果子吃"，然后每天晚上她都去男友家楼下堵他，一见面两人就吵架，甚至大打出手。

几天后男友给橘子发消息：分手吧。橘子死活不同意，三个月后，她依然和对方纠缠不休，好端端一个姑娘，形象全无。

瓦伦达是美国著名钢索表演艺术家，他表演了几十年走钢索，从未出过事故。1978年，73岁的瓦伦达决定举行最后一次告别演出。没想到的是，在完成两个难度不大的动作后，瓦伦达从钢索上摔了下来，当场身亡。瓦伦达的妻子说："以前每一次表演，他都只想着走好钢索；最后一场演出，他太想成功了，变得患得患失，其实以他的经验和技能根本就不可能出事。"这就是心理学中有名的"瓦伦达效应"。

瓦伦达效应告诉我们:"过度在意"带来的巨大压力会让一个人变得不理性、情绪化、患得患失。电视剧《粉红女郎》中,女主"结婚狂"的新郎在婚礼当天逃跑,她沦为亲朋好友的笑柄,为了给自己争口气,她到处找人结婚。为了结婚,她拼命付出:迎合对方的喜好,打扮成根本不适合自己的样子;整天守着手机,等待一个不可能打来的电话。

她的过度付出吓跑了一个又一个男人,直到邂逅真心喜欢的人时她才发现,自己之前只是为了结婚而结婚。她之前并不担心自己是否缺乏男人缘,是否需要成长、提升,而是担心如果不能结婚该怎么办。她把时间和精力都花在了"结婚"这个结果上,而忽略了收获这一结果需要培养的能力和气质,白白荒废了几年时光。

我们想要做好某件事时就会产生压力。当我们胡思乱想"失败了怎么办",陷入不理性的负面情绪中,把精力都花在了钻牛角尖和疑神疑鬼上时,这种压力就会对人产生负面影响。比如前文中的橘子,为了"套牢"男友,就去逼他结婚,反而把对方吓跑了。而当我们理智地看清眼前的状况,想清楚自己需要做什么、不需要做什么时,这种压力就会产生积极的影响。

虽然不甘心分手，但为了更好的将来，橘子就应该学会离开不值得挽回的前任。

这世上有太多我们自认为"值得"去追求的事情，以及太多纠缠不休的执着和坚持。相比之下，一份"不值得"的淡然和洒脱反而更加难能可贵。

俗话说："船到桥头自然直"。用力过度会导致反弹，适度用力加上顺其自然的态度，才有可能取得最好的效果。那么，如何拥有"不值得"心态呢？不妨试试这三个小技巧。

1. 默念"即使最后失败，也没什么大不了"。

为什么我们越在意越容易失去？根源在于我们对"失去"产生了焦虑，这种焦虑让我们变得狭隘、盲目且迷茫，于是越想着"绝不能失败"就越容易走向失败。

因此，能否化解焦虑就成了成功的关键。想要避免为还未发生的事情患得患失，最好的办法是给它提前假想一个结果——"就算最后失败了，只要拼搏过也不遗憾"。比起"一定要成功"，抱着"可能会失败"的想法心里反而会轻松许多。因为这样我们就会接受自己失败的可能性，内心没有过于强烈的执着，我们反而更容易发挥出真实水平，对未来也会更加从容。

2. 借助他人的意见让自己拥有多元化视角。

如果脑海中产生了一个无法摆脱、非得完成不可的执念，就需要寻求他人的帮助了。比如，"我一定要顺利完成这项工作"，由于太在乎"顺利完成"这件事，工作时反而磕磕碰碰，怎么也无法顺利完成。这时不妨听听他人的意见，比如和同事沟通：为了顺利完成这项工作，我需要解决哪些问题？和领导商量：为了顺利完成任务，我需要提前做好哪些准备？这样一来，我们考虑问题的视角就会变得多元化，能够避免我们因太重视某件事而一叶障目看不清全局。

3. 关注事情本身，不要分心。

演讲时面对台下的观众我们很容易感到紧张。当过分在意他人的目光和看法，原本可以流畅演讲的我们就会变得结巴起来。为什么会这样呢？因为我们分心了，我们关注的不再是"演讲"本身，而是变成了"我演讲时别人是如何看待我的"。

瓦伦达能够几十年不出错地走钢索，就靠两个字：专注。他一心只想走好钢索，根本不在意他人的看法，即使在早期经验不多时也没有发生过事故。但当他不再专注，走钢索就变成了命悬一线的事情，就算已经走了几十年钢索，失败也会随时发生。

关于"专注"还有一种说法，就是活在当下。做好眼下应该做的事情，不去思考太多过去的失败以及对未来的顾虑，这样才有可能把自己的潜能发挥到最大。弓是强劲的，可始终保持箭在弦上的紧绷状态，只会让弓变得脆弱，反而容易断掉。人生也是如此，与其过分执着、在意，不如适当放松，用从容、淡然的姿态面对问题。

漫漫一生，没有几件事值得你过分劳心费神；往后余生，也没有比你自己更值得珍惜的人。学会放松，珍爱自己，会找到真正的"人间值得"。

第十三节

刺猬效应：人生如尺，必须有度

冬夜里寒风凛冽。一只刺猬实在冷得受不了，想与另一只刺猬抱团取暖。它们拥抱在一起，身上的刺扎进对方的肉里，彼此都感到一阵刺痛，只得赶紧分开。刺骨的寒风趁虚而入，两只刺猬冷得直哆嗦，又渴望拥抱在一起取暖。

它们几经磨合，终于找到了一个合适的距离，既能互相取暖，又不会被对方扎得鲜血淋漓。当第二天朝阳升起时，两只刺猬哭了：原来最好的距离是既不能太近也不能太远，刚好能拥抱在一起，这样生命就能持续下去。这就是著名的刺猬效应：与人交往时距离不能太远，否则，会产生疏离感；也不能与人距离太近，否则，会失去界限。

有人说，人类一切痛苦的根源都在于缺乏界限感。权利、规则、关系，都需要边界感。生活中人与人的界限总是难以把握，有时太近了，冲突不断；有时太远了，孤独不已。到底怎样的距离才是恰当的呢?

心理学中有一个词叫"心理界限"。它是指在人际交往中每个人都应该知道自己与他人的责任范围和权利范围。这样既保护了自己的个人空间不受侵犯，也不会随意侵犯他人的私人空间。

人一定要有界限感，尤其是在亲密关系中。弗洛伊德认为，人们在家庭关系中同样需要保持距离，家人之间感情再亲近，也需要通过保持距离表达尊重。

2019年，常州一位女子因年过三十没有结婚被母亲狠狠打了一顿。人们好奇女子的母亲为何如此狠心，她恨铁不成钢地说:"女儿30岁了还不结婚，我看见她就来气!"

母亲暴打女儿，只是因为她不结婚吗?当然不只是这个原因。母女二人一直生活在一起，彼此距离太近了，女儿的缺点被母亲无限放大，而"教训"女儿触手可及，她便可以通过打女儿来发泄自己的不满。

有人说:"人生如尺，必须有度。感情如面，最忌越界。"很多时候，直到关系出现裂痕我们才意识到，和任何人走得太近都是一场灾难。做人一定要有距离感。对别人有距离感的人能更好地尊重别人，一旦与别人突破了那个恰当的距离，关系再好也会渐渐疏离。

　　恋人之间撒娇挽手、触碰拥抱再正常不过了，但普通朋友关系太近必然会产生问题。这世上不乏没有分寸感的人，他们不尊重对方的隐私空间，过分自来熟；也不乏不懂得维护自己安全界线的人，他们频频遭遇越界。正因为并非每个人都懂得保持恰当的距离，那些懂得精准把握距离的人才显得难能可贵。

　　在电视剧《庆余年》里，张若昀和李沁饰演的情侣在戏中大秀恩爱，但现实中张若昀已为人夫，因此李沁特别注意和他保持距离。某次张若昀晒出一张他和李沁各举一只鸡腿组成心形的照片，并夸赞照片中穿白衣的李沁："人心都是肉长的，仙女都穿白衣服，老话诚不欺我。"李沁回复："说得对。"并附带一张张若昀的结婚照，照片中张若昀的妻子穿着白色婚纱。这波操作让网友大呼"满分"，张若昀也夸奖她：给你加鸡腿！

　　毕淑敏说："教养和财富一样，是需要证据的。"认识再多人，结交再多朋友，不懂得把握好距离，到头来也是一场空欢喜。关系好可以藏在心里，距离感需要摆在明面上。在人际关系中，学会拿捏距离才是最大的处世哲学。

　　美国人类学家爱德华·霍尔将人际关系中的距离分为四

种。公共场合中的距离：3.7米~7.6米。社交聚会里的距离：1.2米~3.7米。朋友聊天时的距离：0.46米~1.22米。夫妻相处时的距离：0.15米~0.44米。

成年人的距离感都是细微处见真章。那么，如何才能正确拿捏人际关系中的距离，不至于太远，也不会太近呢？我有四个建议。

1. 互相尊重。

《自我边界》一书中，乔治·戴德讲了这样一个故事：一名男士的婚姻生活不和谐。他的妻子总是挑他的错处，让他感到内疚、痛苦，不知道该如何摆脱。他的妻子认为，挑错是为了他好，可她忽略了一点：夫妻相处应该以互相尊重为前提。尊重意味着要客观地看待对方的优点和缺点，无论配偶有多少缺点，他都有犯错的权利。适当的提醒已经足够让他明白自己的不足，总是挑错让他感到自己不被尊重，反而导致他在内疚和痛苦中失去了改变的动力。

只有互相尊重，才能拥有一段舒适的关系。

2. 干涉私事前应询问对方。

生活中经常会出现这样的事情：母亲随意翻看孩子的日

记；同事随意吃掉你桌上的零食；丈夫随意将妻子的化妆品送人。这些事情发生时难免会让人火冒三丈。有时对方还会很无辜地辩解："这些都是小事，你怎么发那么大的脾气？"

这些是小事，但也是私事。私事无大小，都应当交给本人来判断。心理学中有一个词叫"虚假同感偏差"，如果你想看孩子的日记，你会认为孩子也同意被看，可这只是你想象中的"同意"。"虚假同感偏差"会让人们高估或夸大自己的判断，将自己的认知强加在他人身上，导致双方关系界限模糊。

无论母子、同事还是夫妻之间，干涉对方的私事时于情于理都应该先询问一下，取得对方同意，这样才能有效避免冲突。

3. 保持自己的心理边界。

有研究结果表明，90%的人际关系问题都是由于心理边界模糊导致的。哈佛大学心理学博士丹尼尔·戈尔曼说："你让人舒服的程度，决定着你能抵达的高度。"

有时我们无法判断与他人的距离是否合适，结果搞得双方关系很僵，出现这种情况，说明我们的心理边界不够清晰。比如，一个不懂拒绝的人会下意识地讨好他人；一个天性冷漠的人会下意识地疏远别人。清晰的心理边界是一个人在被要求做不愿意的事情时懂得说"不"；和朋友很久没联系时懂得打个电话维系感情。

每个人都有自己的心理边界，如同一个圆。人际关系就是两个圆的碰撞，彼此在交会的区域相处。因此，我们需要区分自己能掌控的部分（自我心理边界）和他人掌控的部分（他人心理边界），做到"待人接物，有尺有度"。

4. 不依赖他人。

在法国总统戴高乐任职的十多年里，他身边所有员工的工龄都不会超过两年。他坚信拉开距离的相处能帮助自己培养独立思维和决断意识。无论秘书处、办公厅还是私家参谋、军事机构，成员基本都是一年一换，正因为总和陌生人打交道，戴高乐不会产生"离了谁都不行"的依赖性。

"保持一定距离"，这六个字看似简单，真正践行却需要付出一生的努力。懂得保持距离才会懂得如何相处；懂得如何拒绝才会懂得如何接受。要记住：一段舒适不累的关系总是在距离中体现出来的，懂得保持距离就是懂得了人际关系的真谛。

第十四节

为什么你越想要，越得不到

生活中你是否有过这样的经历？你在工作中想着升职加薪，自己加班加点，对下属管理严苛，结果对上不受赏识，对下不得人心；你在感情中寻求亲密，不断向伴侣索取温存，过度依赖，结果失了边界感与分寸感，亲密关系不进反退；你在家庭中望子成龙，对子女过分约束，超强的控制欲导致家庭成员情感疏离，亲子关系越发淡薄。

操之过急的行为和急功近利的心态往往会让我们离想要的结果越来越远。生活中，很多时候我们越是急于求成，越容易被反噬。

日子过得不好，只因过于急功近利。

在电视剧《三十而已》中，全职太太顾佳从搬到能俯瞰黄浦江的高档住宅开始，便心心念念地想让儿子进入最好的幼儿园。在成功靠近王太太、利用其老公的校董身份送儿子进入幼儿园之后，她又因为要帮老公的公司拓展业务而刻意接近太太圈里的于太太。

尝到两次甜头后，顾佳对上流社会的生活越发向往，开始迫切地想要挤进太太圈，抢占圈中的核心位置。然而，原本聪明的她却被急于求成的心态左右，想要的也越来越多。在没有做任何前期调研的情况下便接手了李太太家既没有有机证也没有品牌和成熟渠道的茶园，白白亏掉300万元。

不仅金钱、财富与阶层会让人急于求成，有时感情也是如此。这让我想到了高中同学小倩的爱情悲剧。

小倩自小成绩很好，大学考到了香港，她男友在澳门。虽然两地相距并不遥远，但每次都是她去看望男友。大学四年，她每周都去看望男友，风雨无阻。

小倩晕船，每次坐船去看望男友都难受得翻肠倒胃。尽管如此，她还是甘愿承受"去时吐一次，返程时再吐一次"的痛苦去看望男友。一周难受2次，一个月8次，一年96次，四年下来，她折腾了自己近400次。她说自己也不奢望什么，只希望大学毕业后能立马和男友结婚。于是，在这四年时间里她努力展现自己贤惠持家的样子：为男友做饭、洗衣服、打理生活中的一切琐事。男友生病了，她不论何时得知，都要订最近一班的船票到澳门照顾他，即使在深更半夜出发她也毫不在意。她做这些不过是想得到一个关于结婚的承诺，可男友总是闪烁其词，不肯回应。

最终，男友在毕业后向小倩提出了分手："你的爱，让我窒息到想要逃离。"原以为拼命付出，对方就能感受到自己的爱，结果适得其反，导致二人感情破裂，分道扬镳。

不论是对名利的追逐还是对感情的索取，用力过猛大多都会事与愿违。太过在意结果，只会让自己陷入盲目的境地。

心态过于急切，终将一无所获。

在电影《西虹市首富》中，王多鱼意外获得了继承300亿元遗产的机会，但被要求在一个月内花掉10亿元。于是他奢侈消费、大肆铺张，疯狂买进跌得最惨的股票，肆意挥霍。然而，他越拼命消费反倒赚了越多的钱。他的生活看起来随性奢靡，但他内心却很压抑；一个月的期限眼看就要到了，焦躁的心态和巨大的压力让他离自己的目标越来越远。

为什么急切的心态会影响目标和结果呢？因为急切的心态会导致人压力过大，让大脑一片空白，让人做不好任何事情。心理学家曾做过这样一个实验：把一只饥饿的狗关在铁笼子里，让笼子外另一只狗当着它的面吃肉骨头，笼子内的狗在急躁、气愤等负面情绪中产生了神经症性的病态反应。

实验结果显示：焦虑、急躁、冲动等负面情绪是一种破坏性情绪。长期处在这类情绪中，一方面，人会滋生出压力，阻碍目标实现；另一方面，一旦过分追求自己想要的结果，整个人就会被结果束缚住，自然会一叶障目。但如果放松下来平和处之，结果便会有所不同。

如同《西虹市首富》中王多鱼的前后对比：前期的他挥金如土，被继承300亿元的目标绑架了。为了达成目标，他不惜大摆排场、大装门面，报复性地羞辱那些曾经看不起自己的人。此时的他就是一个满身铜臭的有钱人，不可一世，高高在上，格局自然很小。然而当他不再只专注于财富，开始关注周围人的生活，违反规则救了女孩，表达自己对他人的关心时，他反而获得了认可，格局和境界自然提升了，一切变得顺风顺水。

我们常说得道多助、失道寡助，那何为"道"呢？"道"其实是一种磁场。你急切、忧虑、焦躁不安时，就会处于极度紧张和压迫的状态之中，形成的只能是负能量磁场，给周围人带来的也是肃杀之气和秋风萧瑟的感觉。然而当你放松下来，不再急功近利，对一切泰然处之时，你自然会形成正能量磁场，给人一种春风送暖、冰雪消融的感觉。因此，将自己的心态放松下来，不要急迫，遇事平和处之，往往会有意外之喜。

什么样的心态是好心态？

作家毕淑敏曾在《幸福的香气》中对"心"字做了详细的解读："我们每个人的心，就像一只美丽的小箱子，容量有限。希望里面装满光明和友爱。"

可见，心无杂念、心无旁骛是一颗健康心灵的特征。很多时候我们越想要什么越是得不到。当我们松弛下来，不把结果看得过重，不把目标定得太高，自然就不会被它打乱节奏，更不会被它驱使。

那如何拥有这样的心态呢？

1. 设置休息闹铃。

在工作和生活中我们要学会设置休息闹铃，适时地提醒自己休息。比如，我们可以设置手机闹钟，让自己在专注了60～90分钟后，进入放松的状态。又或者当你意识到某项工作过多地占用你的时间导致你心力交瘁时，你要下意识地为自己冲一杯咖啡或者放下手机远离电脑屏幕，让自己放松下来。当我们的心情得到放松时，精神和体力就能得到恢复，再次投入工作时就可以事半功倍。

2. 增加生活支点。

除了分配休息时间，我们还要增加生活的支点。

比如，如果曾经的你一心扑在工作上，那么建议你尝试多交几个朋友拓展自己的社交圈；如果曾经的你把爱情放在首位，建议你多读书充实自己的内在；如果曾经的你是一位全职太太，整日围着丈夫和孩子转，那么建议你把培养自己的爱好提上日程。

生活支点多了，你才不会被某个目标牵绊，被某种结果束缚。因此，建议你同时拥有3～4个不同维度的生活支点。

3. 绘制支点生活图。

当我们把生活的支点添加好后，可以绘制一幅自己的支点生活图。具体操作如下：一、画一个圆形；二、按照自己的生活支点将圆形分成几部分。根据支点所属领域，对应写上当天要做的事情，安排好具体时间并严格执行。

比如你的生活支点是：工作、孩子、运动和学习，那么你就可以把圆形分为四部分：完成演示文稿、送孩子上学、跑步5公里以及读书1小时。这样的支点生活图能让你全身心地投入每一个支点中，不狭隘、不极端，不仅丰富自己的生活，还能平衡心境。

以色列诗人耶胡达·阿米亥在《人的一生》中写道："人的一生没有足够的时间完成每一件事情，没有足够的时间去容纳每一个欲望。"可见，对欲望的急切追逐和对结果的过度渴求都会让人迷失方向。一个有目的地的跋涉者是不会被坏心情影响的，因为他知道，那些焦躁、烦闷的情绪就是拖自己后腿的淤泥。

第十五节

好的开始是成功的一半

阿巴斯说："今天，如同每一天，被我失去了。一半用于想昨天，一半用于想明天。"

日子一天天过去，任务清单越来越长，遗憾也越来越多。你总是想着，如果早一点开始，现在肯定会不一样。

2021年年初，几个朋友喝着酒，激情澎湃地做着新年计划。大家都已经30多岁，事业还没有起色，身体却已经亮起了红灯，感情生活也是一团糟。大家纷纷表示，新年新气象，今年一定要重新规划自己的事业，坚持锻炼，好好生活。

一晃半年过去了，每个人的生活并没有多大改变。大家每天都被琐事推着往前走，和被蒙着眼睛拉磨的驴没什么两样，看着网络上铺天盖地的自律故事，内心的激情常常也会被点燃，一瞬间觉得自己充满了斗志，可下一秒，想想即将面临的挑战又犯了难，一次次陷在憧憬与计划失败交替的循环中。时间久了，渐渐也就对自己失去了信心，再也不愿做任何计划。

难道真的要认命吗？不，有些人生来从不认命。

张萌是我非常佩服的一个人。考上浙江大学后，所有人都觉得她已经很厉害了，但她的目标是成为外交官，为了实现这个目标，她竟然选择退学重新参加高考，次年成功考上了北京师范大学。入学后她发现自己的英语成绩太差，又开始了"1000天小树林"英语学习计划，每天早晨5点到8点学习英语，从不间断。

凭着一路坚持，她最终练就了一口流利的英语，后来还获得了亚太经济合作组织全国英文演讲比赛第一名。

好比使静止的飞轮转动起来，一开始你必须用很大的力气，一圈一圈反复地推，每转动一圈都很费力，但每一次努力都不会白费，飞轮会转动得越来越快，当飞轮高速运转后，无须推动也能自发转动。这种现象被称作"飞轮效应"。不过很多人的问题是不知道该如何迈出第一步。

我曾看过一部名为《消防员》的电影，很受触动。男主角是为了救人可以奋不顾身跳入火海的英雄。他的座右铭是："永远不要把同伴抛在后面。"每个人都很尊重他，唯独他的妻子例外。他可以不顾生死冲进火海救人，却无力挽救自己的婚姻。夫妻俩矛盾越来越深，冲突不断，彼此都看对方不顺眼，甚至在一次争吵过后决定离婚。

男主角的父亲在得知这件事情后给了他一本《爱的挑战40天》，并鼓励他每天为妻子做一件事情，一天做一件，坚持40天就好。如果40天后两人还是决定离婚，那么父亲就同意两人的决定。

男主角于是开始了40天挽救婚姻的挑战，为妻子做之前从未做过的事情。比如泡咖啡，洗碗，打扫卫生，买花，准备烛光晚餐……可无论他怎么努力，妻子不但不感动，反而更加觉得这段婚姻糟透了。男主角实在坚持不下去了，于是打电话给父亲，告诉父亲他的婚姻已经完蛋了，无法继续下去了。他的父亲却告诉他：这一切都是考验，想获得什么就一定要坚持，要用心为对方付出，而不是为了完成任务做这些事情。

男主角终于明白了自己婚姻失败的原因："我发现我根本不懂如何维持婚姻。"从那天开始，男主角更加用心地对待妻子，为家庭付出更多的时间和精力。直到第42天，他成功挽救了自己的婚姻，并在这个过程中完成了一次感情升华。

这40多天的挽救行动就是男主角的婚姻飞轮。刚开始很难，他甚至不觉得自己能把它转动起来，它顺利转动起来后，就像一艘飞船载着他们逃离水深火热的冲突，驶向幸福婚姻的彼岸。

美国作家马克·吐温说："领先他人的秘密就是行动起来。"从2009年起，扎克伯格每年都会给自己设定一个挑战，到现在已经持续了十几年。2010年他挑战学习汉语，后来访问清华大学时他全程用中文发表演讲；2012年他挑战每天学习写代码，虽然平时很忙，但他依然会挤出时间学习；他的挑战还有每个月读两本书，开发一套私人家庭人工智能系统，拜访美国每一个州，等等。

这些目标有大有小，但扎克伯格都做到了。曾有粉丝问他成功的秘诀是什么，扎克伯格回答道："完成比完美更重要。"追求完成，意味着做好计划后要立刻采取行动，并且坚持下去。然而很多人的问题是：开始时很慎重，放弃时却很草率。那该如何迈出第一步呢？

1. 选定正确的目标是关键。

我曾听过这样一个故事。一天，老和尚带着一群小和尚去插秧，结果小和尚们插得歪歪扭扭的，只有老和尚插得整整齐齐的，就像尺子量过一般。小和尚们不解，同样都是插秧，为什么老和尚就能插得如此整齐呢？老和尚笑着说："插秧的时候眼睛一定要盯着一个地方，这样秧苗才能插得整齐。"

第二轮下来有些小和尚确实插得整齐了不少，有些小和尚依然插得歪歪扭扭的。老和尚问："你们真的盯住一个地方了吗？"其中一个小和尚说："是啊！我看那边有一头水牛在吃草，想着这个目标足够大就选择盯着它，结果还是插歪了。"老和尚哈哈大笑："水牛边吃边走，你在插秧时跟着它走，又怎么能插得整齐呢？"小和尚们恍然大悟。

一艘弄错航行目标的船，任何方向刮来的风都是逆风。想要做成一件事，第一步就是要选择正确的、适合自己的目标，只有这样，才能高效地完成任务。

2. 学会拆分目标，体验成就感。

两只老钟辛辛苦苦操劳了一辈子，马上就要退休了。公司新买了一只顶替它们的小钟。上班第一天，老钟对小钟说："我们的任务是一年要摆动3153.6万下。"小钟吓坏了，说："哇，这么多，我怎么可能完成呢？"这时另一只老钟笑着说："不用怕，你只需要一秒钟摆动一下，坚持下来就可以了。"小钟心想：一秒钟摆动一下好像并不难，我应该可以做到。

对大多数人而言，坚持一个长期目标真的太难了。可如果我们把大目标分解成一个个小目标，一点一点去完成，完成目标就会简单很多。比如，我们可以把365天的目标拆分成12个月来完成，再把每个月的目标拆分成30天来完成。

当完成一个小目标时，我们就能体验到成就感。我们的大脑天生偏爱即时奖励，这样我们才有信心完成更大的目标。

3. 明天想完成什么，要从今天开始准备。

人们都说，想做一件事情就应该马上行动，但绝大多数人总是在热情退却后迅速将其遗忘。

丁小云在《就像没有明天那样去生活》一书中写道："所谓理想就是干，就是行动。生龙活虎地行动，不计得失地行动，矢志不渝地行动。"正如一首歌里唱的那样：想到达远方，现在就要启航。

1751年，一个信使在等待塞缪尔·约翰逊写完那篇迟迟没有交付的文章时，塞缪尔·约翰逊写下了这样一段话："我们一直在推迟我们明知最终无法逃避的事情。这样的蠢行是一个普遍的人性弱点，它或多或少都盘踞在每个人的心灵之中。"

　　面对未知我们总是踌躇不前，这很正常，可人生中我们遇到的很多事情都像飞轮。尤其在进入新的领域时，我们都会经历这一过程。因此，若要让自己的事业之轮、爱情之轮转起来不太费力，开始时不要轻易放弃，要懂得坚持，给自己足够的时间去证明自己。一旦挺过了艰难的起步期，进入平稳期后胜利就在眼前。

第十六节

人要活成一朵蘑菇，潜滋暗长

有段电视剧台词是这样的："人的一生是一条上下波动的曲线，有时候高，有时候低。低的时候你应该高兴，因为很快就要走向高处，但高的时候其实是很危险的，因为你看不见即将到来的低谷。"

是啊！哪有永远平坦的人生道路呢？人生经历再多起伏都不算糟糕。最怕你一生碌碌无为，还安慰自己平凡可贵。一帆风顺时不要忘记低谷如影随形，陷入泥潭时也要牢记机会即将来临。

屠呦呦在获得诺贝尔生理学或医学奖之后一夜闻名，被誉为"中国的居里夫人"，但掌声中也夹杂着一些刺耳的声音。有人指责她不够淡泊名利，过于高调；有人认为她不在家带孩子，反而注重事业，对家庭不负责任。

一些用心险恶的人忌妒她的成功，对她进行恶意揣测和中伤，这引来了许多网友愤怒。屠呦呦说："总有人给我本人泼脏水，给中医药泼脏水，我感到非常气愤。"但屠呦呦并没有因此停下探索科学的脚步，她将自己关在实验室里，不断进行科研，写出《青蒿及青蒿素类药物》等书，让全人类都因此受益。

作为科学家，屠呦呦获得了许多殊荣。英国广播公司将她评为"20世纪最伟大科学家"，主持人赞美道："若用拯救多少人的生命来衡量伟大程度，那么毫无疑问，屠呦呦是历史上最伟大的科学家！"

伟大的科学家享受着掌声与喝彩，但也饱经了风霜和打击。恶意抹黑她的人的言论如同污水，许多人只看到污水泼在身上不干净，却没看到蘑菇的孢子必须落在泥土里才能成长。

人这一生若想有所成就，就得拥有出淤泥而不染的能力。正如蘑菇一样，它长在阴暗的角落，长期得不到阳光，只能自生自灭，只有长到足够高时才会被人关注，可此时它已经能够接受阳光了，再也无须在意那些阴暗。这就是"蘑菇定律"。

有人说："人要活成一朵蘑菇，潜滋暗长。长在暗处时永远都在为成熟做准备。"做人当如蘑菇，阴暗处品尝失落，阳光下悄然勃发。你经历的所有不公和挫折都有可能是成长的养料。

　　还记得一口气念完广告词的华少吗？他在短短47秒中清晰无误地读完了所有广告内容，瞬间火遍全网。人们羡慕华少从十八线主持人一夜间蜕变为金牌主持人，然而对华少来说，"一夜成名"的评价并不适合他。

　　他曾在杭州各大电台工作了5年，节目收听率一直保持第一，随后又在浙江电视台工作了7年，主持过多个金牌节目。学习播音、苦练专业技能、参加比赛……这些不被常人重视的经验一点一滴积累下来，才成就了如今的他。因此华少说："我不相信一夜成名，所有成功的人都不是一夜成名的，一定有长时间的积累，只是在那一晚遇到了机会而已。好多人在'好声音'中认识了我，但也有好多人在'好声音'前就知道我，也看了我多年的节目。所有像我一样的人，从刚开始一个星期唱一首歌赚20元，到唱一首歌赚2万元、再到参加'好声音'唱一首歌赚20万元，都不是一夜成名。只有我自己知道我的辛酸经历，在你看来，你只承认我一夜成名，实际上这是让我很受伤的事。"

　　汉代的刘安说："不自强而成功者，天下未之有也。"蘑菇成熟前没有人会在意一个小小的孢子，人们看不到它在阴暗潮湿的地方生长，也不会给予它关注。许多孢子在无人喝彩中死去，在指责和贬低中衰败。当一个完完整整的蘑菇长成时，聚光灯才会打过来。

人生本可以一成不变，正因为有了挫折，懦弱的人才学会了坚强，坚强的人才学会了勇往直前。功成名就值得被重视，但默默积蓄能量的时光同样值得自己喝彩。

2009年，纽约大都会歌剧院举行了一场惊心动魄的演出。

演员瑞秋一直默默无闻，在逛街的她被临时通知顶替生病的主角演唱高难度的《木偶之歌》，此时距离演出只有4个小时。瑞秋很担心，甚至做好了失败的准备。万万没想到，她竟然超常发挥，甚至刷新了高音纪录。一夜间她成了街头巷尾被广泛议论的名人，还获得了许多演出邀约。

在"孢子期"日复一日、年复一年的枯燥岁月里，在别人对她不屑一顾时，她在废寝忘食地练习，精进自己的技巧，只为给自己一个满意的答复，不想辜负自己的努力。这让她最终获得了属于自己的机会。

如果没有平日默默无闻的积累，怎么会把握住后来一举成名的机会？人唯有历经逆境，绝处逢生，才能更珍惜顺境的舒适宜人。

心理学家戴维认为：人生最重要的发现往往是由失败启发的。不经历低谷，就无法找到人生的答案。

那么，如何才能度过人生最灰暗的时光呢？

1. 直面现实，放平心态。

我们面对失败和质疑时，容易产生破罐子破摔的念头，结果事情越来越糟，心态也越来越崩溃。一味地逃避只会让退路越来越窄，直面现实才会有更宽广的道路走。正如那句老话："困难就像弹簧，你强它就弱，你弱它就强。"

著名导演李安做了6年的"家庭煮夫"，但正是这段时期成就了后来的他。他每天除了处理家里的事情，就是写剧本，看电影。家庭煮夫的经历成就了他的代表作《饮食男女》，他的成名作《喜宴》《推手》也都是在他人生低谷期完成的。

乔布斯曾在演讲时说："你要坚信，你现在所经历的，将在未来的生命中串联起来。"失败会驱使我们自暴自弃，结果一场失败引来了更多的失败。这时你不妨给自己鼓鼓劲：无论现实有多糟糕，鼓起勇气面对它，先解决问题！

2. 确立目标，培养韧性。

人生没有目标的坚持就是在白费劲。在人生最灰暗的时刻，一个明确的目标不但可以激励你不断前进，还能变成柳暗花明的契机。确立目标之后千万别忘了行动。

心理学家提出了"心理复原力"这一概念，它指出，在面对挫折时，心理韧性和复原力是一个人能否从混沌中觉醒的关键。

林肯出生在贫困家庭，两次经商失败，八次竞选落败，他崩溃过、绝望过，但他从未放弃，最终成为美国历史上最伟大的总统之一。林肯曾说："此路艰辛而泥泞，我一只脚滑了一下，另一只脚也因此站不稳，但我缓口气，告诉自己，这不过是滑了一跤，并不是死去爬不起来。"

3. 自我鼓励，及时赋能。

即使是处在"孢子期"，也别忘记称赞、认可自己的努力。如果连你都不认可自己，还有谁会重视你呢？

肯德基创始人哈兰·山德士一生经历了1009次失败，人间所有的苦难他几乎都尝过，但他告诉自己：只要一次成功就够了。临近90岁的他创建的快餐店品牌最终大获成功。人们问他成功的秘诀是什么，他说："人们经常抱怨天气不好，实际上并不是真的天气不好。只要自己有乐观自信的心情，每天都是好天气。"

"大自然既然在人间造成不同程度的强弱，也常用破釜沉舟的斗争，使弱者不亚于强者。"孟德斯鸠的这句话道出了成长的真谛：没有人能在一夜之间变强，也没有与生俱来的辉煌，我们看到的丰功伟绩背后都堆积着孢子一般不被重视的努力。

从淤泥中醒来，从潮湿中生长出来，再微小的生命也终将撑起一片属于自己的天地。

第十七节

"青蛙效应"如何影响你的人生

2018年，阿里的无人酒店在杭州开业，顾客可以直接刷脸入住，机器人当服务员；北京也上线了全球首家智慧餐厅。在我们都想去体验高科技，跃跃欲试时，却有一群人陷入了沉思："人工智能时代有多少人的工作会被取代，他们又将何去何从？"

麦肯锡全球研究院曾预估：到2030年，人工智能将取代4亿至8亿个工作岗位。这让我想到了一个著名的心理学实验。19世纪末，心理学家将一只青蛙放进煮沸的大锅里，结果青蛙立即就跳了出来。他们又将青蛙放进盛满凉水的大锅里，然后用小火慢慢加热。虽然青蛙能够感知到水温的变化，却因为惰性没有往外跳；等到青蛙难以忍受水温想要跳出时，发现自己已经没有了逃生能力，只能被煮熟。

心理学家认为：青蛙第一次之所以能逃离险境，是因为它受到了沸水的剧烈刺激；由于第二次没有了剧烈的刺激，青蛙就失去了警惕性。当它感受到危机时，已经没有能力跳出来了。后来这个实验的结论就被称为"青蛙效应"。

职场中很多人每天朝九晚五，待在自己的舒适区里没有危机意识，最后只能被淘汰。

佟伟本是公司的一名普通员工，刚到公司时他非常努力，加之年轻好学，聪明能干，很快就得到了老板的器重。进入公司不到两年，佟伟就被提拔为销售总监，工资翻倍。

刚当上总监时佟伟还是和以前一样，努力把每件事都做好，并且经常抽时间学习，弥补自己的不足。但身边总有朋友对他说："你都是总监了，还那么拼命干吗？老板又不会检查，你做得再好他也不知道。"

久而久之，佟伟也开始变"聪明"了。他不但学会了投机取巧，还学会阿谀奉承。他觉得老板大概率会过问的事就把它做得很好；对那些老板不会过问的事，他能糊弄就糊弄。他不再把心思放在工作上，也放弃了自己的学习计划，再也不是以前那个努力的他了。后来，老板接到客户的投诉才发现佟伟隐瞒了许多问题，就把他开除了。

"生于忧患，死于安乐。"人天生就有惰性，容易沉湎于过去的成绩和安逸的环境，容易躺在功劳簿上不思进取。如果我们失去危机意识，每天得过且过，最终就可能像佟伟一样从云端跌落。

上述情况就是典型的青蛙效应。青蛙效应告诉我们：不想像青蛙那样在安逸中等死，就必须时刻保持危机意识。不管在职场还是婚姻中，这条理论都适用。

我在知乎上看过一个真实发生的事情：一个姑娘毕业之后就有稳定的工作，虽然收入不高，但也衣食无忧。结婚之后因为有了孩子，老公也比较忙，她就辞去工作安心做起家庭主妇。起初朋友都劝她别轻易辞掉工作，这是安身立命的资本。她笑着说："怕什么，我还有老公养呢，家里也不差我那点钱。"后来她老公出轨了，吵着要离婚。她一寻思，自己这些年只顾着买买买，美容，旅游，忽视了自我提升，而且房子、车子都不是自己的。想到这里，她开始慌了。

虽然最后他俩迫于利益纠葛和双方家长的威严并没有离婚，但从此以后她不仅重返职场，还对朋友们说："不管怎么样，女人都要经济独立、思想独立，一辈子都要持续成长，不然，两个人脚步不一致时，注定会形同陌路。"

好的婚姻是两人共同进步、成长。居安思危则存，贪图安逸则亡。

那我们该如何走出安逸、避免失败呢？给你三个建议。

1. 未雨绸缪：树立危机意识。

居安思危是每个人都应该有的意识，连比尔·盖茨都时刻提醒自己的员工："微软离破产永远只有18个月。"正是这种危机意识，使得微软能够始终保持全球顶尖的个人电脑软件供应商的地位。

相信大家都听过这个故事：一只野狼每天早上不管刮风下雨都会磨牙，总是把牙齿磨得又尖又利。狐狸看见后疑惑不解地问："别人都在休息、娱乐，猎人和猎狗都还没有起床，老虎也不在附近，你干吗这么费力地磨牙呢？"野狼回答道："我磨牙是在为今后做准备。你想想，如果有一天我被老虎、猎人追逐，那时我再想磨牙可就来不及了。平时我把牙磨好，到时候就可以保护自己了。"

无论身处顺境还是逆境，我们都要时刻警惕青蛙效应，只有时刻保持危机意识，我们才能始终保持活力，立于不败之地。

2. 行动：增强核心竞争力。

我们无法阻挡时代的洪流，但我们可以武装自己，提前为未来做准备，通过努力学习新知识增强自己的核心竞争力。核心竞争力通常有两种：一是做别人做不了或者不愿意做的事情；二是将自己领域内的事做到极致。

无论在职场还是感情中，千万不要以为工作稳定了，结婚了，就可以高枕无忧。我们如果不主动增强自己的核心竞争力，最终就只能被时代淘汰，被爱人抛弃。

3. 调控：勤奋但不盲目。

要知道，有些事情不是坚持就能成功的，还需要一点天分。努力很重要，但方向更重要。宫崎骏说："不管前方的路有多苦，只要走的方向正确；不管多么崎岖不平，都比站在原地更接近幸福。"

许多成功者都会先确立一个正确的方向，再朝着这个方向努力坚持，从而获得自己想要的结果。很多人之所以碌碌无为，越努力越失败，完全是因为他们用战术上的勤奋掩盖了战略上的懒惰。因此，在前进的过程中一定要找准自己擅长的方向，不要盲目努力，要总览全局。如果方向错了，努力就失去了意义。

　　戴尔电脑的创始人迈克尔·戴尔说："有的时候我半夜会醒，一想起某些事情就害怕。但是如果不这样的话，很快就会被别人干掉。"有如此成就的人还如此有危机意识，我们就更不能变成温水中的青蛙，在安逸中丧失忧患意识和竞争力。

PART

人际关系

这个世界上，所有的事情都是有因果的。付出友善，同样的友好就会回到我们身上。聪明人懂得：种下幸福，才能收获幸福；种下仇恨，只能收获仇恨。

第一节

刻板的"标签效应"

在传统的认知中，30岁仿佛就是女人年轻与非年轻的分界线。女人30岁还没把自己嫁出去，就会被称为"大龄剩女"；30岁了还执着追梦，会被认为"一把年纪瞎折腾"；30岁了还喜欢穿粉红色衣服，会被讥笑"装嫩"……

总之，30岁的女人身上有这个社会贴给她们的诸多标签。事实上，生活中不同人都会遇到被人"贴标签"的现象：如果一个孩子学习时总是坐不住、不认真，我们就会想当然地认为他根本就不是学习的料；如果一个男人本本分分做着一份收入不高的工作，没有野心，我们就可能会说他"没有出息"。我们身上被贴上了形形色色的标签，而这些标签也会潜移默化地影响我们。下面就让我们走近"标签效应"，一探究竟。

在第二次世界大战期间，美国心理学家做过一个实验。他们招募了一批纪律散漫、不听指挥的新兵，并要求他们每月给家里写一封信，大概是说自己在战场上如何奋勇杀敌以及服从纪律，听从指挥。虽然信中说的都是根本没有的事，但半年过后，这些新兵真的如信上说的那样开始改变。这就是"标签效应"的神奇之处。

"标签效应"是指人一旦被贴上某种标签，就会自觉按照这个标签做事。

心理学家发现，"标签"具有一定程度的导向作用，无论这个标签是好是坏，它都会对被贴标签的人产生强烈的影响。

在里约奥运会获得季军后，傅园慧成了"洪荒少女"，全网爆红，她的原生家庭也被人们津津乐道。

傅园慧刚进省队时就跟同队的姐姐们说自己是个天才。有一次傅园慧的爸爸送傅园慧去训练，有人跑过来跟傅爸爸说："你们家傅园慧在游泳队里说自己是天才！"话语里满是讥讽和嘲笑。一般的父母这时很可能会说："哪有哪有，别听她胡说。"回头可能还会批评孩子："你要谦虚一点儿，别到处张扬。"但傅爸爸在女儿面前对那个人说："是的，我们家傅园慧真的是天才。"他的语气里满是不容辩驳的笃信与坚定。

傅园慧说，从小到大父母一直鼓励她做自己喜欢的事，并且不断告诉她，她是最棒的。就这样，父母给她贴上的标签成了她笃定的信仰。每次比赛，傅园慧都会对自己说："我是最棒的，最好的，是个天才。"虽然这样看起来有点傻，但当你遇到困难、挫折与攻击时，这种自我肯定就会成为你力量的源泉。

当然，这些都是标签效应的正面作用，生活中也经常充斥着很多标签效应的负面作用。"我教了你几遍了还不会？你怎么这么笨！""别人都考90分、100分，你就考70分？你怎么这么不争气？"孩子不断接收这样的信号，久而久之，信心大受打击，慢慢也就默认了自己不优秀，然后用实际行动来证明他真的不争气。

贴标签的行为在我们生活中随处可见。我们在与外界不断沟通的过程中会被逐渐"标签化"。人们为什么那么爱贴标签呢？因为我们的大脑爱偷懒，怎么简单省力怎么来。所以，人们喜欢把女人分为"30岁结了婚的"和"30岁没结婚的"。因为这样分类最简单，无须考虑每个人的独特性。

标签为什么会对我们产生作用呢？因为它会使人产生心理暗示。标签会内化为我们的自我认知，当被贴上"我是最棒的"标签时，我们的积极性就会提高，潜力会被激发出来，我们就会越来越符合标签的设定；反之如果被贴上"我不行"的标签时，我们则会不断地自我暗示，证明自己真的不行。被贴标签的时间长了，标签就会内化于心，我们的所作所为就会维持这一标签设定。

我想起了朋友的经历。她来自农村，小时候父亲总跟她说她不是读书的料，女孩子读那么多书没用，希望她能早点打工赚钱。后来她学习上遇到困难，就认为自己真不是学习的料，对学习产生了恐惧，没读几年书就出来工作了。再后来她遇到了现在的老公，老公一直鼓励她自学读完大学。她陷入强烈的自我怀疑，问老公："我能行吗？"老公非常坚定地告诉她："行！你一定行！"

用了几年的时间，她竟然真的自学读完了本科，如今更是事业有成。谈起自己的改变，她感慨道："遇到一个好先生，相当于重生了一次。"

很多父母不知道，一句"你不行"可能真的会葬送孩子的一生。世上没有不行的孩子，只有吝惜鼓励的家长；世上也没有生来就糟糕的自己，只有总是打击自己、拖后腿的伴侣。不得不说，标签对一个人的影响太大了！

很明显，那些负面标签里有很多偏见和不合理的因素束缚我们。那我们该如何利用标签效应为我们服务呢？这里提供三个心理学建议。

1. 多给自己贴正面的标签。

"这事我一定行""我能处理这件事""这对我来说没什么难的"……

多使用积极正面的暗示语，每天起床后对着镜子说几遍；遇到困难后，在心中对自己默念几遍。然后采取积极的行动，勇敢直面问题，直到取得成功。

美国作家马克·吐温曾说："只凭一句赞美的话，我就可以充实地活上两个月。"肯定自己每一次的进步，哪怕只有点滴。

2. 不受制于别人贴给你的负面标签。

最了解你的人是谁？是父母，还是老师？朋友？领导？同事？不！最了解你的人，只有你自己。我们要明白一件事：他人的任何评价都是主观的，都是基于他们的认知做出的判断。这个判断不会百分百准确，因此我们不必过分纠结别人的评价。尤其是一些负面评价，我们要审慎地接受。我们可以接受改进的建议，但不要接受负面的定性式评价。因为人生是动态发展的，每个人都有无限可能。千万不要因别人贴给你的负面标签而将自己禁锢在原地。

3. 重建你的内部评价体系，活出"自主人格"。

标签效应之所以能起作用，是因为我们太过于依赖外界的评价体系。因为外界觉得30岁之前应该嫁人，所以女性到了30岁还没结婚，就会焦虑不堪。如果此时我们内心有一种坚定的价值判断，就不会被外界的评价困扰。因为我们知道，哪怕30岁没有结婚，自己依然是一个内心丰盈、灵魂有趣的人。

为了避免被负面标签捆绑，我们应该重建自己的内部评价体系，活出"自主人格"。拥有自主人格意味着我们能为自己的人生做主。我们既能深入理解世界，又能真实地看见自己。为了增强自主人格，我们应该多发掘自身的优势和潜力，并将它们发挥到极致。这样，当我们遭遇外部的负面评价时，才不容易被影响。

有一则英文广告说："Labels and designs are only for cans, not for people."（罐子才该有标签和设计，人不该有。）

我想说的是，不要轻易给他人、给自己贴"坏"的、消极的标签，而要贴"好"的、积极的标签。如果你希望另一半成为怎样的人，你就夸他是怎样的人；如果你希望自己的孩子成为怎样的人，你就夸他是怎样的小孩；如果你希望自己的下属是怎样的人，你就朝那个方向夸他。

希望我们都能做一个正面、积极的人，也都能正确运用标签效应，拥有幸福的人生。

第二节

聚光灯效应：做人，别太把自己当回事

你是否有过这样的体验？走在路上总觉得周围的人在盯着自己看，尴尬得手不知该往哪里放，腿也不会迈了；坐在台下，因为害怕被人笑话，恨不得把自己藏起来；不敢当众发表意见，要上台演讲，更是如临大敌；不小心做了一件尴尬的事，走在人群中就觉得背后有无数双手在指指点点；又或者，不化妆就不敢出门，偶像包袱特别重……

如此种种，说明你潜意识里很在意别人的看法，总觉得别人时时刻刻都在拿着放大镜看你。这种心理现象叫"聚光灯效应"，它像路上的小石子一样，无处不在，冷不丁就会绊你一脚。

聚光灯效应又称为"焦点效应"，最早是由康奈尔大学的心理学教授汤姆·季洛维奇和美国心理学家肯尼斯·萨维斯基提出的。它是指人们太在乎和自己有关的事物，以为别人的目光都会聚集在自己身上。它表明，我们总会不自觉放大自己的问题和重要性。

日剧《卖房子的女人》里有这样一个情节：有一个青年男子忽然归家，从此在家中二楼一住就是二十年，连自己的父母都不常见，必须见人时就把自己套在大纸箱里。后来谜底揭开，原来他曾在一次规格极高的会议上演讲时紧张到失禁，出了丑。

为什么出一次丑要用一生来悔恨？这就是"聚光灯效应"的负面影响，它会无限放大问题，变成人们无法逃离的"五指山"。

当然，并不是所有人都会这么极端，但这种效应比我们想象的更为普遍。有记者采访了很多职场人："你在意别人的眼光吗？"结果显示：58.16%的受访者表示，和工作有关的看法自己都在乎；35.71%的受访者则表示，从工作能力到穿衣细节都在乎；只有6.13%的受访者表示都不在乎。也就是说，有超过九成的人会在意别人的看法，只有不到一成的人能够坦然面对别人的评价。那些在意别人看法的人大多表示，活在别人的眼光中会让他们不由自主地变得垂头丧气，做事畏首畏尾，很难克服。

聚光灯效应是如何产生的呢？心理学认为，大多数心理效应是多种心理现象共同作用的结果。那么，聚光灯效应背后的推手是什么呢？一般来说有两个。

1. 自我意识作祟。

我们总是习惯从自己的角度看世界，所以很自然地以为自己就是世界的中心、众人的焦点。这本无可厚非。世界太大，有太多的不确定和未知。这会导致我们内心产生强烈的不安，出于自我保护的本能，我们就会不自觉地、想当然地从自己的角度去理解发生在自己身上以及周边的事情。

比如，有些人走在路上总觉得别人在看自己，其实就像我们经常调侃的那样："你不看我，怎么知道我在看你？"或者换位思考一下就能明白，你会死死盯着路过的陌生人看吗？他会在你脑海中停留超过3分钟吗？答案很可能是否定的。但我们的"情绪脑"并不会就此罢休，反而会偏执地认为自己是最特别的那个，尤其是"自信心"爆棚、没有清晰自我认知的人，会更愿意相信自己偏执的认知，而不是事实的真相。

2. 透明度错觉。

在一次工作汇报中，同事雪儿发完言一坐下来就紧紧拉住我的手，身体颤抖。撑到散会，她一把将我拉到洗手间，突然捂面哭了起来："刚刚做报告的时候我太紧张了,一点也不像其他人那么淡定,丢死人了。我怎么这么差劲?"然而我们并没有感觉到她紧张。

我们总能够敏锐地捕捉到自己细微的心理变化,以为别人也能从我们的眼神变化中读出我们内心的起伏,就好像人人都是心理大师——观察入微,明察秋毫。殊不知,我们从来都不是透明人。

我看过一档访谈节目,其中讲到一个胖胖的姑娘因为自己的身材不好特别自卑,整天把自己关在房间里,也不跟其他人交流,更别提出去玩了。她最喜欢的事情就是自拍,每天花很长时间拍很多张照片,再精心修图,然后上传到朋友圈。如果有人给她点赞,她就很开心,没人点赞时她就删掉所有照片,然后陷入焦虑、迷茫的状态。她妈妈多次劝她无果,于是上节目求助。可她依然沉浸在自己的世界里无法自拔,自欺欺人。

聚光灯效应无处不在,我们要试着转换一下思维,把自己的心灵从"牢笼"中释放出来。具体该怎么做呢?这里提供三个建议。

1. "大家都很忙，我其实没那么重要。"

在聚光灯效应下时，我们的脑海会不自觉地被"大家都在看着我"的念头填满，从而被"社会抑制效应"影响我们的行为。社会抑制效应是指，当一个人做一件自己不擅长或比较生疏的事情时，如果有人——尤其是既比较权威，又喜欢评论别人的人在旁边，我们就会本能地产生一种自我保护意识，令自己陷入紧张的情绪中，从而影响正常发挥。

比如，高手对战时，处于劣势的一方会很容易被处于优势的一方唬住。但如果前者心态较好，往往能出其不意，反败为胜。有时后者思想包袱太重，也可能"大意失荆州"。

这说明，当我们把有限的注意力分散到别人对我们的评价上时，我们就无法专注做好手头上的事，并且容易变得焦虑。但只要我们有意识地不断暗示自己"大家都很忙，我其实没那么重要"，就可以把分散的注意力从别人身上拉回来，也就不会战战兢兢、诚惶诚恐了。

2. 设定正面、积极的假设。

你怎么看待世界，世界就怎么对待你。因此，给予自己积极的暗示很重要。那些关注的目光大都来自自己的想象，所以可以试着用积极的猜想替代消极的猜想。

比如，不要总以为别人会看不上你，你其实很优秀。所以，下次演讲前可以试着对自己说："我很优秀，完全不用担心。"或者，和别人眼神交汇时，大方地露出笑容，就好像自己是人群中最有魅力的那一个。

3. 接纳自己的不完美。

我们太容易因为某个缺点完全否定自己或别人，这个小小的缺点是聚光灯效应的强化剂。我们如果能接纳自己或别人的不完美，并试着从更加全面的角度看待人或事，就不会钻进牛角尖了。

因此，当我们发现自己陷入以偏概全的思维模式中时，我们要告诉自己：一切都在变化之中，过于纠结已经发生的事情只会让自己无法走向未来。相反，若能接纳自己一时的不完美，就会发现这些事情没什么大不了。相比别人怎么看待你，你如何看待自己才是最重要的。

每个人都有两盏聚光灯：一盏用于内观，一盏用于外察，但它们都连接着同一个源头，那就是我们的自我觉知。当我们有足够清晰且坚定的自我觉知时，我们就能清楚地看到自己内心的波动和别人对自己的影响；相反，当我们的自我觉知不够清晰时，我们既不能理智地应对外界对我们的评价，更无法看破自己内心的迷茫。

因此，我们要时刻保持清醒的自我觉知，并不断修炼自己，这样就不会那么在意他人的目光了。就像天生畸形手的王璐在《脱口秀大会》上表现的那样：我从不在意别人的眼光，我就要做自己生活的甲方。

我们要用这束光照亮自己的内心，而不是放大别人的负面评价或生活的坎坷，如此才能真正成为聚光灯下闪亮的自己。

第三节

猜疑效应：猜疑会让你失去一切

高圆圆曾演过一部电影，叫《搜索》。片中她饰演的是上市企业董事长的秘书叶蓝秋。她在得知自己患癌以后，心灰意冷地上了一辆公交车，因为拒绝给车上的老大爷让座，引发了众怒。而这一小小举动却被媒体放大，并引发了一场社会大搜索。网络暴力、公众讨伐，逼得她不得不道歉。

不承想，她的道歉视频没发出去，网络暴力却变得越发激烈，她甚至还被冠以"小三"之名。最后，叶蓝秋选择了自杀。

可戏剧性的是，在她自杀以后，道歉视频被公布出来，公众没有一句"对不起"，只有一句轻飘飘的"可惜了"。虽说电影情节都是虚构的，可故事常常源于生活。

网络暴力在生活中并不少见。人们总是习惯先入为主，被自认为的"结论"影响，在认定了"结论"以后，再去寻找证据证实"结论"。有网友曾说:"猜疑的种子一旦被埋下,就会在不知不觉间生根发芽,最后长成遮天蔽日的参天大树。"道理都懂,可很多人往往深陷其中却不自知。

知乎上曾有人提过这样一个问题:"同事是个奇葩,整天猜疑我,作为新员工该如何是好?"

该网友讲述了自己的职场经历:"我刚刚进入新公司,不知道公司同事从哪里了解到了我的薪资待遇,隔三岔五就来打听,问我是不是在公司有熟人,是不是走后门进的公司。我很坚决地告诉对方:'真的没有,就是面试进来的。'可惜同事从没停止过对我的猜疑。

"有一次下午茶时间,我点了杯星巴克,又被她看到了。她阴阳怪气地说:'你家挺有钱的吧,都喝上星巴克了!'我心想:'再这么被同事疑神疑鬼,我上班连杯奶茶都不敢点了,更别提请同事吃饭,想维护同事关系都不知道从何入手。'"

其实,职场中这样的事情并不少见,尤其部门来了新同事,工资还比别人高时,那他绝对会处在舆论中心。其他同事会误以为对方走了后门,在提前下了这样的结论后,无论对方干什么,他们都会疑神疑鬼。

不仅同事之间猜疑心理严重，企业对员工的猜疑更甚。网络上曾有这样一则新闻：某企业规定，员工工作时间上厕所时间不得超过15分钟，违者每人每次罚款200元。不少网友调侃："这样的规定简直没有天理。"可是，企业管理者就是担心员工利用上厕所的时间偷懒。对不少职场人来说，工作劳累不说，企业管理者猜疑心理还严重，简直是腹背受敌！

不仅工作中如此，我们在生活中同样避免不了被人猜疑。

在日剧《最后的朋友》中，及川宗佑和蓝田美知留是一对情侣。及川宗佑因为有着童年被父母抛弃的经历，一直缺乏安全感，对人有很重的疑心。两人同居的第二天，及川宗佑开始明目张胆地查看女友的手机，只因怀疑她和她的高中同学有染。美知留跑回家找学生册，想要证明该同学是女生，却又因为漏接了他的电话被他怀疑出轨，他不问缘由地命令她马上回他们的住所。

匆匆赶回的美知留被宗佑从玄关拖到屋里，摔到地上掌掴、猛踢肚子。宗佑很爱美知留，却无法停止对爱人的猜疑，总是不问青红皂白地暴打对方。他深陷在这种执念中，痛苦万分，最后无奈选择了结束自己的生命。

事实上，在两性关系中，一方因为疑心病太重导致感情破裂甚至危及生命的不在少数。2020年，一则《怀疑妻子出轨，呼和浩特一男子杀害"情夫"》的新闻引起人们热议。

2020年9月14日晚，结束了一天工作的任某回到家，发现家里又没饭吃。想想这些天妻子的冷漠、不顾家，他便心生怨恨，认定妻子出轨了。因为妻子和另一个男人最近接触频繁，任某便认为妻子"出轨"的"情夫"就是那个男人。于是当晚他就敲碎窗户玻璃潜入"情夫"房中，用事先准备好的菜刀将对方杀害。一场悲剧就此发生。

不得不说，猜疑心理确实很可怕。它能激发人心底的负面情绪，还能让人"无中生有"，迷失方向。其实，最可怕的不是猜疑心理，而是一个人无法控制自己的猜疑心理，任其发酵，最后酿成悲剧。这在心理学上被称为"猜疑效应"。它是指从某一假想目标开始，最后又会回到假想目标，就像画圆圈一样，越画越粗，越画越圆。

这类心理中，"疑邻盗斧"的故事最为典型。有个人丢了斧子，怀疑是邻居的儿子偷的，从这个猜疑目标出发，他开始观察邻居儿子的言谈举止、神色仪态，发现无一不是偷了斧子心虚的样子。思索的结果进一步强化了他原先的假想目标，他断定这个小贼就是邻居的儿子，可没多久他就在自己家找到了斧子，再看那个邻居的儿子，一点也不像偷斧子的人。

猜疑效应说白了就是一种心魔，我们该如何避免猜疑效应带来的负面影响呢？

1. 理性思考。

疑心太重的人都会特别敏感，发现一点征兆就会陷入假想状态，并且把所有的分析、推理和判断都建立在自己得出的"结论"上，然后自圆其说。当陷入这种状态时，我们一定要控制自己的思想，要客观且理性地看待事实。

在综艺节目《演员请就位》中，童星出道的曹骏就因为对自己怀疑差点自毁前途。

因为被导演否定，他开始怀疑自己是否适合继续做演员。可是，曹骏早在16岁时就饰演了《宝莲灯》中的沉香，沉香直到现在都是观众记忆里不可磨灭的经典角色。这部剧不仅创下央视收视率9.1%的佳绩，还喜提"亚洲最佳电视剧奖"，可以说将曹骏推向了人生巅峰。哪怕现在提起曹骏，也是不少人心头的"白月光"。

仅仅因为几位导演的评判，曹骏就认为自己不适合当演员了。可事实上，在舞台上短短几分钟的发挥，在场外有无数人为其叫好。曹骏要做的不是自我怀疑，而是理性思考。思考自己的短板在哪里，优势是什么，现在的市场需要怎样的演员，自己又该如何努力。

2. 及时沟通。

相信大家都听过这个故事：小男孩和小女孩是好朋友，小男孩收集了很多石头，而小女孩拥有很多糖果。两人想要互相交换。小男孩把自己最大、最好看的石头都藏了起来，把剩下的拿给了小女孩，但小女孩选择把自己所有的糖果都给了小男孩。

按理来说，小男孩应该分外高兴。可当天晚上小男孩失眠了。他始终在想：小女孩是不是和自己一样，把最不好吃、最廉价的糖果给了自己，而把最甜、最贵的都藏起来了？

其实，如果你不能给予别人百分之百的信任，你也会怀疑别人是否能给予你百分之百的信任。遇到这种情况并不可怕，只要及时坦诚沟通，问题就能迎刃而解。

有人说，猜疑就是对他人的不信任，对自己的不自信，对彼此的折磨，对感情的亵渎。所以说，猜疑是最伤人心的，而坦诚沟通恰是解决这一问题的良药。

现实生活中，我们面对很多事情如果不够理性，就会被自己的"疑心"俘虏，陷入它的陷阱。轻则忧心过多，重则导致无穷尽的猜疑，对他人或自己信任全无。

　　因此，要时刻谨记猜疑效应带来的负面影响，客观看待事实，不要先下结论再来验证，而要根据已有事实和依据，分析得出结论。无论何时，我们都要让自己拥有理性思考的能力。

第四节

如何用"出丑效应"为人生添彩

知乎上有这样一个问题:"为什么越优秀的人,越容易被孤立?"其中一个答主讲述了自己的经历:"我在新单位表现很好,也很受领导赏识。虽然同事们认可我,但我们玩不到一块儿,我感觉自己像是被孤立了。"

有这种感觉的人不在少数,他们大多在自己的专业或领域里都非常优秀,但身边没什么朋友。这是为什么呢?回答这个问题前我们先来看看苏东坡的故事。

提到苏东坡,大家对他的印象可能是诗人。其实他的身份远不止于此,他还是画家、美食家、旅行家、地方官,堪称全能才子。如此优秀的苏东坡,喜欢他、想成为他朋友的人纵观古今从没少过,因为他特别真实。

苏东坡有一个怕老婆的朋友,一次他和这位朋友聊得兴起忘了时间,结果朋友老婆来寻,在门外一声大吼,吓得他这位朋友手里的拐杖都掉了。苏东坡于是为朋友写了一首诗，其中几句是："龙丘居士亦可怜，谈空说有夜不眠。忽闻河东狮子吼，拄杖落手心茫然。"

谈起自己的交友法则，苏东坡说："吾上可以陪玉皇大帝，下可以陪卑田院乞儿。眼前见天下无一个不好人。"这样的苏东坡讨喜吗？当然讨喜！纵然他有一些缺点，可谁会不想成为他的朋友呢？全能才子苏东坡讨喜吗？讨喜！如此优秀，谁又不想"近朱者赤"呢？他虽全能，却并不完美，是一个有血有肉且真实的普通人。

人们更愿意接受和自己相近的人，因为人人都有缺点，如果你表现得太过完美，会让人误以为你高不可攀，甚至让人产生嫉妒心理，从而疏远你。这也是为什么一个看似完美无缺的人总容易被孤立，而那些优秀且有些许缺点的人却更容易被人亲近。

雷军总让人感觉很亲切，因为不管什么时候他总是笑眯眯的。他操着一口蹩脚的普通话，别人和他聊天，他总会哈哈大笑，一点架子也没有。他经常在微博上推销小米手机，谁都能在微博评论区调侃几句。"哔哩哔哩"（B站）上雷军的视频满天飞，他还亲自去发视频凑热闹。

其实苏东坡和雷军是同一类人，他们虽然优秀，但能坦然展现自己的缺点。一般来说，名人和企业家都是高不可攀的，但他们打破了这些规则。也正因如此，我们心甘情愿成为他们的粉丝。

心理学上有个概念叫"出丑效应"。出丑效应又被称为"仰巴脚效应"，它指才能平庸者固然不会受人倾慕，但全然无缺点的人也未必讨喜。最讨人喜欢的人是优秀但有小缺点的人，就像苏东坡，他不仅是文学家、诗人、画家，还是个吃货，发明了东坡肘子、东坡豆腐等美食；他是个爱玩、爱闯荡的人，世人一想起他就会给予"有趣"的评价。就像雷军，创立知名品牌小米，坐拥亿级资产却从不端架子，留给大众的是和蔼可亲的笑容和蹩脚的普通话。

那么我们该如何利用"出丑效应"改善自己的人际关系呢？

1. 真诚是最大的魅力。

从综艺节目《青春有你第二季》中脱颖而出的赵小棠一直是9位练习生中最具争议的一位，但在参加了节目《未知的餐桌》后，她的口碑开始逆转。节目中，嘉宾们需要挨家挨户敲门蹭饭，常驻嘉宾岳云鹏和沙溢敲门很谨慎，甚至有时还会躲起来，而赵小棠却丝毫没有忸怩，即使被拒绝也会不失礼貌地向素人们道歉，在素人家里吃饭也会主动去厨房帮忙打下手，不拘束，玩得开。

赵小棠参加综艺节目曾被指作秀、耍大牌，被网友推至风口浪尖。即便如此，她依然特立独行。这样真性情的赵小棠反而被更多观众喜爱。当一个优秀的人身上有些缺点时，别人才会发现："噢，原来他和我一样，只是个普通人。"真诚是一个人最大的魅力，赵小棠正是凭借真诚赢得了一大拨网友的喜爱。

2. 坦然面对失败。

2015年，加多宝跟王老吉的官司打输了，加多宝因此失去了品牌名称，这对加多宝而言无疑是灭顶之灾。但加多宝因一组海报博得了一波好感。海报文案是这样的："对不起，是我们太笨，花了17年的时间，才把中国的凉茶做成唯一可以比肩可口可乐的品牌；对不起，是我们太自私，连续6年全国销量领先，没有帮助竞争队友修建工厂、完善渠道、加速成长；对不起，是我们无能，卖凉茶可以，打官司不行；对不起，是我们出身草根，是彻彻底底的民企基因。"

结果加多宝不仅博得了一波好感，更引来无数消费者青睐。我们害怕面对失败，总觉得失败丢面子。可事实上，在我们的人格倾向中，我们天然同情弱者，这种心理会激发更多人对弱者施以援手。

不要害怕失败，更不要害怕出丑，坦然面对失败反而更能俘获人心。

3. 拒绝争当"完美者"。

为什么"火箭少女101"中最火的人却是出丑最多的杨超越呢？

她以第三名的成绩出道，可唱歌不大好，舞蹈更是一言难尽，完全不符合一个偶像艺人的形象。真正让她脱颖而出的，是与其他成员相比，她非常真实。正因如此，每个人都能在她身上看到自己的影子。

比如，她出身农村不太富裕的家庭、上台比赛紧张到哭、为梦想执着。这为她拉了一波又一波观众的好感。很多人之所以喜欢杨超越，是因为她真实而不做作，青涩却很励志。

人生就像一条抛物线，有高峰也有低谷，你大可不必争当完美的那个，真实就好！

俗话说得好："金无足赤，人无完人。"当某些人表现得过于完美时，身边的人就会感觉他不够真实，难以亲近。和这样的人在一起，我们往往会觉得自己不如人，总感觉活在别人的光芒之下，惴惴不安。那些懂得示弱、会暴露和展示自己缺点的人反而更能获得我们的喜欢。正所谓优秀是一种能力，而真实是一种魅力！

第五节

如何摆脱"鸟笼效应"

疫情防控期间，宅在家里一星期的朋友在网络上发了条动态："终于买到一个N95口罩，可以出门了！"我以为她没有口罩不敢出门，一问才知道，她有十几个医用口罩，但她根本不愿意戴。"只有N95口罩才有用。"朋友笃定地告诉我。

她的家人劝她没必要再买N95口罩，尤其现在特殊时期，把N95口罩留给一线医护人员不好吗？可她不肯罢休，必须戴上N95口罩才敢出门，否则宁可把自己关在家里。

古罗马有句谚语："仅仅因为担心祸之将临，多少人陷入最大的险境。"那些让我们战战兢兢的，往往是尚未发生的事情。这使得我们在面对恐惧之前心里就已经装了一只"鬼"。她明明已经有了医用口罩，为什么还非要买N95口罩呢？

心理学中有一个"鸟笼效应"：人们会在偶然获得一件原本不需要的物品的基础上，继续添加更多与之相关而自己没那么需要的东西。就像我的那位朋友，本没必要再买口罩，但在大环境的影响下，为了缓解焦虑，她觉得必须买到N95口罩才能确保安全。

鸟笼效应是人类最难摆脱的心理机制之一，当我们开始为某个可能发生的偶然事件感到焦虑时，总会想着自己能否做些什么来缓解焦虑。但实际上我们的所作所为不但无法帮助我们摆脱焦虑，反而会让我们更加焦虑。

人类的心理机制天生容易被大环境影响，即便是心理学家也不例外。20世纪初，心理学家威廉·詹姆斯和好友打了个赌："我有办法让你在根本不打算养鸟的情况下养一只鸟。"好友不相信，认为这是无稽之谈，人怎么可能做自己根本不打算做的事情呢？更何况他并不喜欢养鸟。

詹姆斯送给好友一个鸟笼，让好友将它挂在家中。空空如也的鸟笼吸引了所有访客的注意，他们看见鸟笼时无一例外不感到好奇："为什么这里要挂一个空鸟笼呢？""你养的鸟去哪里了？"

起初好友会耐心解答自己和詹姆斯的赌约，可是时间长了，他便开始感到不耐烦。访客们千篇一律的提问几乎逼疯了他，为了不再听到同样的问题，他买了一只鸟，让鸟笼的存在显得顺理成章。最终，詹姆斯赢了。这就是心理学上的"鸟笼效应"。

我曾看过一则寓言：一个人走在路上突然流鼻血了，为了止血，他抬头望向天空。路过的人看见他那样做，以为天空中有什么东西，于是停下脚步，跟着抬头望向天空。后来的人看见这两人在望天，生怕错过什么，于是也加入进来，望天的队伍越来越壮大。流鼻血的人总算止住了血，他低下头发现很多人都在望天，于是便好奇地问他们："你们在看什么？"有人说："天上有飞碟！"有人说："马上要下雨了！"还有人说："天马上要塌了！"流鼻血的人大惊失色，继续抬头望天，他不知道天上到底有什么，但他害怕自己错过什么。

没有人知道其他人为什么要望天，但每个人都被大环境捆绑，他人共同的举动激发了我们与生俱来的恐惧感和焦虑感。事实上，我们每个人心里都有一个无形的"鸟笼"，它象征着不可预期的未知。为了让鸟笼的存在显得顺理成章，我们宁愿做自己原本不想做的事情。可这种做法无异于饮鸩止渴，不但无法消除我们的焦虑感和恐惧感，反而还会逼迫我们为了并不喜欢的鸟笼买并不需要的鸟，打乱原本平静的生活。

能够察觉到他人的所思所想并调整自己的做法是一项宝贵

的能力，心理学家称之为"共情"。可共情能力太强也会导致我们过分在意他人的看法，让自己的生活充满压力。心理学中有一个"过度共情综合征"，是指人们在某段时间内接受过多的负面信息，以致影响了自己的身心健康，使自己如同笼中鸟一般，被他人的意见牵着走，总是察言观色、故步自封，无法活出真实的自己。

如何摆脱鸟笼效应呢？我们需要尝试做以下三件事。

1. 罗列生活目标清单并执行。

鸟笼效应无处不在。我们买了一条短裤，就会想要再买一件配套的上衣；买了一件上衣，就会想要再买一双配套的鞋子。到最后，我们花了更多的钱买了自己原本并不打算买的东西。在感叹自己得不偿失的同时，我们也应思考更加有效的做法。

为什么我们不能把要买的东西罗列成清单，每买完一件就画一个钩呢？一来可以让我们掌握生活的主动权；二来便于我们复盘，反思自己做了多少和目标无关的事情。

2. 每天鼓励自己，培养积极思维。

我们很容易陷入一个误区：生活必须越来越好，才对得起自己的辛苦付出。这种心态本质上是一种对当下生活的否定：

"正因为我现在的生活不够好，不够有安全感，所以我需要更多更好的东西来填充它。"这是一种消极的生活方式。积极的生活方式是：看清现在的生活虽然不够好但依然值得热爱。鼓励自己珍惜当下，培养积极思维比一味奢求更好的生活能让我们体会到更多的幸福感，幸福感才是对抗一切负面情绪的"特效药"。

3. 设立轴心，避免多余的行动。

避免被大环境影响的最直接的方法就是给自己设定一个轴心，然后以此为目标前进，不偏离初心。

行为心理学之父约翰·华生认为："人的一切外显行为都有一个心理动机。"比如，全职太太把家庭放在第一位，一切和家庭无关的事情都显得微不足道。这样做的好处是：即便遭遇鸟笼效应，也能优先照顾好家人，不被大环境捆绑。

正如英国作家王尔德所说："人真正的完美不在于他拥有什么，而在于他是什么。"就算大家都惧怕病毒，你依然能静下心做自己认为更重要的事情，把自己拉回原本的生活。如果你心怀天空，就不会被"鸟笼"束缚自由；如果你自带光芒，就不会被阴霾蒙蔽双眼。愿寒冬之后，我们都能走出"鸟笼"，迎来新生。

第六节

无处不在的"黑羊效应"

舆论攻击背后，都藏着一个心理陷阱。

2020年11月，一段短视频在微信疯传。视频中一名小学男生蹲在地上，被4名同学围殴。他们狠狠地踹他，踢他，还把鞭炮点燃，放进他兜里。被殴打的男生无法还手，无力逃脱，只能抱头哭泣。

霸凌者虽已被惩罚，遭到霸凌的男生却不敢继续上学，患上中度抑郁症，身心和学业都受到严重影响。他被霸凌的原因仅仅是闲聊时说错了一句话，同班同学误会他骂的是自己。从那以后，他就成了被攻击的靶子——开学两周以来，他经常被拖到厕所里打得浑身肿痛。

因为这场霸凌，他的自信和乐观消失了，取而代之的是恐惧和自卑。他什么都没做错，原本该拥有快乐无忧的童年，却像掷骰子时运气不好，掷错数字，被随机针对。

这世上没有绝对正直的好人，却有无缘无故的恶意。这揭示了现实的残酷，也揭露了人性更深的一面。

俗话说"好人有好报"，但在残酷冰冷的现实里，好人不一定有好报，甚至可能成为无缘无故被蹂躏的对象。这种现象就被称为"黑羊效应"。台湾省著名精神科主任医师陈俊钦曾经写过一本《黑羊效应》。书中他将"黑羊效应"中的人分为三类：无辜的受害者"黑羊"，持刀攻击"黑羊"的"屠夫"，冷漠的旁观者"白羊"。

我们以电影《少年的你》为例：

1. 无辜的受害者"黑羊"。

"黑羊"往往什么也没做就无辜地遭到周围人的攻击。比如，胡小蝶是最先被欺负的"黑羊"，在她跳楼自杀后，周冬雨饰演的陈念帮她盖了一件衣服。后来陈念成了第二只"黑羊"。

2. 持刀攻击"黑羊"的"屠夫"。

"屠夫"不清楚发生了什么事，只觉得跟着大家一起对某个人做某些事很有趣。比如，以魏莱为首的校园霸凌团体就是"屠夫"。

3. 冷漠的旁观者"白羊"。

"白羊"目睹"黑羊"被伤害的部分或全部过程却没有采取任何行动。比如，片中所有知情但不作为的同学。这些旁观者本质上并不是罪大恶极的坏人，可他们纵容了施暴的人。

其实生活比电影更残酷。和周冬雨同为"金马影后"的马思纯就在综艺《看我的生活》中自曝曾遭遇校园霸凌。

读初中时，班里有个女生对她处处排挤，甚至恶语相向。那个女生在她的可乐中加粉笔灰和拖布水，还拦截她的私人信件并当众朗读，甚至肆意羞辱她青春期的体形。"我觉得就是到地狱了吧。"谈到那段被霸凌的日子，即使时隔十多年，马思纯依然哽咽，"那就是我不自信的源头。"直到现在，她都不知道自己为什么被霸凌，更不敢问。

和马思纯有同样经历的人不在少数。浏览各大论坛，你能找到无数关于霸凌的真实故事：有人被全班同学排挤；有人被扇耳光，泼冷水；还有人被校霸拖到操场上打……这些被霸凌的受害者大多和马思纯一样，留下了严重的心理阴影和创伤，多年后依然会做噩梦。他们心里揣着一个疑问："为什么是我？"

知乎上一个霸凌者这样谈霸凌原因："我也不知道为什么

欺负她，就是看她不顺眼。"还有人说："一个班上总要有个泄愤的靶子，任何人都可以是这个靶子，没有她，大家也会换一个人欺负。"

不是因为你是坏人才招来横祸，而是因为横祸飞来，才使你背上"坏人"的黑锅。我不愿相信这是事实，可事实就是如此血淋淋。或许你没有意识到，自己也会是黑羊效应的一环。当你无缘无故被讨厌、排挤，毫无缘由被看不顺眼，或身处困境大家都在冷眼旁观时，你就已经成为受害者。这时你该怎么办呢？

1. 诉诸法律。

2020年，一名年轻漂亮的女士取快递时，被旁观者偷拍视频发到网络上，并被编造"勾引快递员"的聊天记录，引发全网恶意声讨。因为这件事，她丢了工作，精神抑郁，遭亲朋好友谩骂，生活受到严重影响，已经"社会性死亡"。

为了保护自己，她果断提起刑事自诉，将造谣者告上了法庭。造谣者录制视频向她道歉，但她不接受道歉，因为造谣者避重就轻，一再讨价还价，没有真正意识到自己的错误。她坚持上诉，发微博称："绝不退缩！绝不和解！"

荀子说："谣言止于智者。"当没有智者出现时，你也可以成为这个智者。不要害怕，不要退缩，动用法律武器，捍卫自己的人身权利。

2. 不要引咎自责。

美国电影《壁花少年》中，查理从小被阿姨猥亵，阿姨意外去世后，他陷入了深深的自责之中，认为是自己的恨意导致阿姨去世。因为这种自责，查理变得自闭敏感，像"壁花"一样毫无存在感，被全班同学排挤。直到他认识了一对友善的兄妹，他们教会了他：自责是无法改变命运的。

曾经的他，因为长期被排挤、霸凌，总认为自己有问题，因此故意不去接近别人。但在内心深处，他渴望被爱，渴望融入人群、结交朋友。后来的他学会了接纳自己："这一切都不是我的错，我应该接受爱，因为我值得被爱。"

是的，走出自责很难，但度过不被爱的一生更难。建立自信是一个漫长的过程，如同在黑暗中摸索前进，可只要跨出了第一步，你就会迎来曙光。

3. 积极面对困难。

知乎上，一名长期遭受霸凌的女孩展开了绝地反击。霸凌者在班级群里辱骂她"活着浪费空气"，她录下视频并告诉家长和老师。虽然霸凌者被迫道歉,可事后却变本加厉地针对她,在全班同学面前说她"丑",嘲笑她,给她起外号"大饼脸",毁坏她珍爱的绘画本……

数不胜数的霸凌行为终于让她忍无可忍,她当众怒斥霸凌者,讲出多年的委屈,并以聊天记录等证据要求对方退学。面对证据,霸凌者被迫认错,为了保住学位,后来再也没有霸凌过别人。但在这之前,女孩已经被羞辱了两年,如果没有这次反击,不知道她还要忍受多长时间的痛苦。

遭受霸凌的时候,很多人的第一反应是"检讨自己做错了什么"。其实,我们只是"黑羊效应"下的牺牲品,我们最应该做的不是反省自己,而是解决困难,保护自己。就像这位网友一样,不逃不躲,机智留证,勇敢面对,成为自己的医生,亲自解决生活道路上的"毒瘤"。

如同"黑羊效应"中的被害者、加害者总是不断循环出现,谁也不知道下一次会轮到谁。

所以,做一个机敏的人,努力向善,对恶保持警惕。对待谣言,不信谣不传谣;对待受害者,多一份仁慈和善意。

第七节

巧用投射效应

渔夫在河里发现了100枚金币，怕国王来抢，于是用皮鞭不断抽打自己，假装自己身无分文。

这样的故事看起来搞笑，国王难道缺那100枚金币吗？当然不缺。但为什么渔夫觉得国王会来抢他的金币呢？这就是渔夫以己度人，将自己的认知强行扣到了国王的头上。

这是《天方夜谭》里的一个故事。从心理学的角度来看，这是典型的投射效应。

丈夫事业成功，妻子疑心病很重，总觉得丈夫在外面会拈花惹草。丈夫回家后她开始仔细检查，查找她想象中的长头发、短头发、卷头发……最终一无所获的她号啕大哭，边哭边说："你居然连秃头的都喜欢。"丈夫哭笑不得。

这个事例中的妻子只因自己没有安全感，就觉得丈夫一定会抛弃自己，并将自己的认知和感受投射到对方身上，以自己的标准来衡量他人。

简单来说，投射效应就是把自己的个性、好恶、欲望、想法、情绪等像投影仪一样，不自觉地投射到别人身上，认为别人也有同样的感受和认知。一个斤斤计较的人觉得全世界的人都小气；一个心胸宽广的人觉得别人都很大方；一个经常算计别人的人觉得每个人心里都藏着无数暗箭……

一位心理学家曾做过一个非常有意思的实验。他让化妆师在受试者的脸上各画了一道丑陋的疤痕，画完之后拿来镜子让每一位受试者看一眼。然后化妆师告诉受试者，需要在他们脸上涂一层粉，好让妆容固定，但实际上这层粉的作用是擦除疤痕。

擦完粉之后，这些受试者的脸上已经没有了疤痕，但他们对此并不知情。接下来他们被要求到街上走走。回来后他们反映路人对他们很不友好，态度蛮横，总是盯着他们的脸看。很明显，受试者就是把自己的想法投射到了他人身上。很多时候，我们的感受和看法很可能与事实发生了偏离，但因为投射效应，我们被蒙在了鼓里。

我们在评价他人的同时，也会显露出我们自身的特质。在日常生活中，投射效应具体有以下两种表现。

1. 把自己的想法强加到别人身上。

一个典型的例子就是"你妈妈觉得你冷"，很明显，这是母亲对孩子的心理投射。亲子关系中，父母强行替孩子做决定的行为也是一种心理投射，他们总是习惯把自己的喜好和愿望强加给孩子。

爱情关系中投射效应也处处存在。家庭治疗专家维吉尼亚·萨提亚讲过一个关于菠菜的案例。一对夫妻来向她咨询，说他们对婚姻感到不满意已经长达20年了。咨询中这位丈夫情绪失控，大哭起来："我希望你不要总给我吃那讨厌的菠菜！"妻子听完后震惊不已，回答说："我以为你喜欢，我只是想让你高兴。"

网络上流行这样一句话："不要以为你以为的就是我以为的。"将自己的喜好投射到对方身上，不考虑对方的真实感受和需求，最终只是感动了自己。

2. 曲解他人的意思，用自己的想法来理解他人。

孟非主持的《新相亲大会》节目里有个男嘉宾，分享了自己因为一句"呵呵"而"被分手"的经历。

他和女朋友在微信上聊天，无意中发了一句"呵呵"，结果女友勃然大怒，把他拉黑了，他就这样秒变单身。这就是一个典型的投射效应的例子。

心理投射在我们日常沟通中特别常见，我们会把自己的想法和感受投射到对方的身上，从对方的话语中解读出和对方本意完全不同的意思。对男生而言，他可能认为这句"呵呵"很平常，但对女生而言，她认为这句"呵呵"是对自己的挖苦和嘲笑。很显然，这样的投射会让我们离真相越来越远。

面对投射效应，我们应该怎么做呢？

心理投射是一种本能，"投射效应"自然难以避免，但我们仍然可以有意识地主动减少它对人际交往产生的消极影响，并转换思路，让它为我们所用。

1. 与他人交往初期，不要盲目评判对方。

投射效应会影响我们在人际沟通中的客观认知，让我们陷入偏见的深渊，这是我们需要克服的。

在与他人交往的初期，我们往往会因为互相缺乏了解而将自己的想法和感受投射到对方身上，从而造成误解。这时我们应该意识到，我们目前的认知很有可能是不准确的，不能盲目地评判对方。我们应该选择用更客观、更开放的心态与对方交往，随着了解的增加，误解自然会消除。

2. 建立边界意识，不以自己的喜好要求他人。

当我们明白以自己的喜好和感受去评判他人是一种不好的心理投射时，就要努力避免这种倾向，而避免这种倾向最好的方法就是建立"边界感"。

日本心理学家岸见一郎在《被讨厌的勇气》一书中说道："如果你正在为自己的人生苦恼——这种苦恼源于人际关系——那首先请弄清楚'这是不是自己的课题'这一界限；然后，请丢开别人的课题。"这是减轻人生负担，使其变得简单的第一步。无论亲子关系还是恋爱关系，我们都只能提供建议，给予对方自主选择的权利。

不以自我的感受和喜好来评判与要求他人，建立正确的边界意识，这样我们的人生会少许多烦恼。

3. 了解并接纳他人的不同，才能触达事情的真相。

武志红说："任何看似荒谬的事情背后，都有它真实的原因。如果你觉得它荒谬，那很可能是你不理解它。"

每个人都有自己的"坐标体系"，这是我们评价事物的标准。我们的经历不同、性格不同，必然也会导致我们的坐标体系不同。如果我们固执地用自己的标准来评价对方，必然会导致沟通不畅。因此，进入对方的坐标体系是抵达理解的必要途径。

4. 利用投射效应更好地认识他人。

明白了投射效应的原理后，我们就可以利用一个人对别人的看法来推测他真正的意图或心理特征。

要了解某个人，看他的自传或许不如看他为别人作的传。生活中，我们可以通过一个人对别人的评价，更准确地了解他。生而为人，我们是有共性的，但共性之外还有着更为丰富的个性。如果我们一味地迷信投射效应，就会导致误解重重。

老子说："知人者智，自知者明。"我们一方面应该客观、公正地看待自己和他人，克服投射效应的负面影响；另一方面，投射效应可以化作我们识人的利器，帮助我们建立更好的人际关系。

第八节

你陷入"毛毛虫效应"的怪圈了

多少鼓励你拼命付出的公司，只是把你当作螺丝钉。他们只在乎你能做出多大业绩，却不管你能否真正成长。你每天一刻都不得闲，午饭都要赶着在十分钟内吃完，凌晨还在回复工作消息。这像极了驴拉磨，看上去无比辛劳和勤奋，实际上却在原地转圈。

不仅工作这样，感情也是如此。你是否也相信，付出可以被爱，忙碌可以成长，努力总能有所收获？但我想说，你以为的付出、努力，或许正在悄悄拖垮你。

法国昆虫学家法布尔做过这样一个实验。他将许多毛毛虫首尾相接，围成一圈，放在花盆边缘。它们拼命围着花盆绕圈，即使花盆的不远处就是食物，它们也不看一眼，最终精疲力竭，相继死亡。这就是"毛毛虫效应"！

你看，比懒惰更可怕的是一味地埋头努力。那该如何分辨生活中的无效努力呢？一般来说，"无效努力"的表现形式有两种。

1. 机械式重复。

日本作家斋藤茂男在《饱食穷民》中写道："所有人都陷入一个巨大装置，努力把时间变成金钱，被强迫更快、更有效率地活着，哪怕超越身体极限，时时刻刻，一分一秒都不能错过。这节奏让我们无法按照自然时间生活，无法过有生命力的生活。我们只感觉身心俱疲，不停被压榨。"

影片《摩登时代》中，卓别林饰演的查理每天都在干一件事——把螺丝拧紧，这样的工作就连一个小孩都能干。于是，当工厂开始招聘童工和妇女时，他根本无力反抗。他面临的处境是：要么失业，但不知道自己还能做什么；要么接受加班，每天工作12小时，还没什么钱。

有多少人的工作近似于"把螺丝拧紧"？一位滴滴司机说："看着导航开，一单完了，马上就有下一单。早上7点出来，晚上11点回家，一天就这么过去了。"一位虎牙的秀场主播说："公司考核就是直播时长，每天醒来洗把脸，对着镜头耗时间，一直耗到凌晨。"一位朋友说："休息的时候就活跃在各个手机软件里，麻木地刷手机。一低头，两小时过去了；一抬头，想不起刚才刷了点什么。"

　　你的工作，除了钱，还能为你留下点什么？你的努力，除了自我感动，还能为你创造点什么？

2. 错误的目标：我全都要！

　　乔布斯被赶出苹果公司后，公司启动了各种各样的项目。大家怀着一腔热血，拼命往前冲，可业绩却在疯狂下滑。等到现金流只能再撑3个月时，他们无路可走，又请回了乔布斯。

　　苹果公司是如何起死回生的呢？乔布斯砍掉70%的项目，15个台式机产品砍到只剩1个，所有手持设备只留下1个，连6个经销商也只保留了1个。这就是经典的"帕累托法则"——总结果的80%是由总消耗时间中的20%形成的。努力的高手专注于那20%，尽了100%的努力；无效努力的人盯着100%，做了80%的努力。这就像同时运行20多个程序电脑会崩溃一样，我们的大脑在同时处理过多信息的情况下，也会"死机"。

　　研究发现，过度忙碌一方面会损害我们的认知能力，让我们只关注短期利益；另一方面会降低我们的自控能力。越低效，越忙碌；越忙碌，越低效。最终我们只能收获20%的成果。

那该如何跳出忙碌和低效的恶性循环，正确、高效地努力呢？跟大家分享三种小方法。

1. 要让自己有余闲。

《稀缺》一书中提到一个故事。在美国密苏里州的圣约翰医疗中心，32间手术室总是被排得满满当当的。因为时常有急诊手术，医院只好将排好的手术不断往后推，导致每个员工都睡眠不足、疲惫不堪。大家实在受不了，于是请来了一位顾问。顾问会建议医院增加员工、增设手术室吗？都不会！这位顾问提出了一个反常识的解决方案：空出一间手术室待用。

医院最初充满怀疑，但方案实行后，手术接诊率立刻上升了5.1%，每天下午3点后进行的手术数量下降了45%，医院收入也有所增长。

因此，不论多忙，你都应该留出属于自己的一段余闲，用来浪费也好，发呆也行，看风景、读书、散步，做你想做的事情。"余闲"往往会成为你创造力的源泉，给你带来意想不到的惊喜。

2. 设定创造性目标。

正如雷军所说："永远不要用战术上的勤奋，来掩饰战略上的懒惰。你大胆地想，认真地干，在探索的路上不断投入吧，只有不断突破，才能有所成长。"

问问自己，你的目标是什么？匹配目标的技能和资源，哪些你有，哪些你没有，你该如何补足？如何在收到每一次反馈后调整自己的目标，修正实现目标的路径？

先找到充足的信息量，结合相应的知识和资源，不断修正实现路径，反复推敲后再确定目标吧。

3. 找到适合自己的努力节奏。

每个人都有自己的节奏，什么时候努力，如何努力，什么时候放松，如何放松，形成了一个人独特的生活方式。只是绝大多数时候，人们都处于一种自动反应的状态。

早上起床洗漱，出门顺手关门，到公司先打卡，一休息就刷手机。不知不觉间，节奏就失去了控制。

一个人想要高效地努力，就需要有意识地控制自己的注意力，有意识地调整自己的努力节奏。如何找到适合你的努力节奏呢？一个简单的方法就是，先尝试各种生活方式，记录努力成果，然后找到适合你的节奏。

爱情中，你要尝试各种两性相处的方式，记录自己的感受，找到付出和收获之间的平衡。如果试过之后并没有达到自己想要的效果，请记得及时止损，收拾好心情重新出发。

工作中，如果你忙到没时间思考，请问问自己是否正在反复"拧紧螺丝钉"。如果你感到无聊乏味，请想想自己是否在奔向一个并不想要的目标。如果你整天疲惫不堪，请反思自己是否在用百米冲刺的速度跑人生这场马拉松。

很多时候，低效努力就像只顾埋头走路，枯燥且痛苦。与之相反，高效的努力代表一个人奔向热爱的事物，建立自己喜欢的生活方式，只为拥抱更好的自己。

第九节

"三明治"沟通法

你是否有过这样的经历？工作中，同事犯了错，你好心提醒，结果对方非但不领情，还嫌你多管闲事；生活中，朋友犯了错，你善意批评，不仅对方不接受，还导致友情出现了隔阂；感情中，恋人的缺点让你难以忍受，你出于为她好表明了自己的观点，对方却强烈回击，引发激烈冲突。

批评这事儿，难！批评对方，又不引起对方反感，还让他欣然接受，更难！那么到底怎么才能做到有效批评呢？今天我们就来聊聊这件事。

我看过这样一则新闻：重庆一名8岁小学生玩了一个暑假，开学前没做完暑假作业，被父亲狠狠批评了一顿。小男孩一气之下扛起两大包"行李"，抱着枕头闯荡世界去了。当民警在离家20多公里处发现男孩时，他已经独自暴走了好几个小时。

关于如何批评孩子，很多父母都很苦恼：说轻了不当回事，说重了怕伤害到孩子。

其实不只是亲子关系，伴侣关系中也有同样的困扰。"脱下的脏衣服为什么要乱扔？一点都不长记性。""不就是几件衣服吗？你有完没完？"闺密小晴和男友王强又一次因为脏衣服乱扔的事大吵起来。两人一个有着轻微洁癖，一个大大咧咧，生活习惯上有许多差异。因为王强的不拘小节，小晴嘴皮子都快磨破了，但她每次的批评指责总会招致王强的回击。两人的感情也在一次次争吵中慢慢冷淡。

婚姻生活中，夫妻双方难免有意见不合的时候，如何恰当地提出批评和意见，考验着一个人的智慧。

家庭生活中的批评尚且让人难以接受，职场生活中领导直截了当的批评就更让人深恶痛绝了："你最近状态很差，是不想干了吗？要干就好好干，不干就早点走人！""来工作就正儿八经干活，别一天愁眉苦脸，跟别人欠你钱似的！""这样的数据都能算错，你脑子是被驴踢了吧？"

每每听到领导这样说，员工虽然明面上不敢反驳，但心里肯定是十分不满的。对领导安排的工作，只会带着更大的怒气去应付，从而陷入恶性循环。如何进行有效的批评，同样考验着每个人的处事能力。

　　卡尔文·柯立芝是美国历史上一位少言寡语的总统，他被人们称作"沉默的卡尔"。虽然表达不多，但他深谙说话的艺术。

　　他的一位漂亮的女秘书在工作中常粗心犯错。一天早晨，柯立芝看见秘书走进办公室，便对她说："今天你穿的这身衣服真漂亮，正适合你这样年轻漂亮的小姐。"被总统先生这样夸奖，秘书心花怒放。柯立芝接着说："但也不要骄傲，我相信你处理公文的能力能和你一样漂亮。"果然，从那天起，女秘书在公文上很少出错。

　　有人请教总统："这种方法很妙，您是怎么想出来的呢？"柯立芝说："这很简单，你看过理发师给人刮胡子吗？他要先给人涂肥皂水。为什么呢？就是为了刮起来使人不痛。"

　　为什么人们对直截了当的批评会产生反感？无论是善意的批评还是恶意的批评，都会唤起我们不好的自我感觉，只不过前者程度较轻，后者程度较重。一个人幼年时如果得到了较为稳定的来自抚养者的正面回应，他的自体感就是稳定的，这类人对外界的批评有着较强的免疫力。而在幼年时经常性被拒绝的人，他们的自体感是不稳定的，这类人很容易因为外界的负面评价而感到深深的挫败，所以他们对批评是难以接受的。

　　"不以物喜，不以己悲"是我们向往的理想境界，但真正做到很难。很多时候，别人的一些不恰当的表达方式，如直截了当的粗暴批评，会让我们产生强烈的负面感受。在人际关系中，你说了一句伤人的话，往往要用五句温暖的话才能弥补。所以，在批评别人之前，你首先需要考虑的是，这样表达会不会伤害对方。

　　或许你会说，做人要这么累吗？对方做得不对，我还不能批评了吗？当然可以批评，但你要明确批评的目的是什么。你批评的目的是希望对方做出改变，可当你直截了当地批评对方时，能达到改变对方的目的吗？并不能，只要对方不认可你的批评方式，他就会和你对抗。

　　我们都知道，事物的发展是外因和内因共同作用的结果，其中内因是根本。要想让对方改变，就要让对方感受到自己需要改变，除此之外的批评无法从根本上解决问题。

　　那么我们如何做才能既保护对方的自尊心，又达到让对方改变的效果呢？或许我们可以借鉴《西游记》中如来佛祖的做法。

　　《西游记》里有这样一个片段：孙悟空在取经的路上和唐

僧闹了矛盾，一气之下回了花果山。如果你是孙悟空的领导，你会如何跟这个刺头沟通呢？

佛祖用简单三句话就搞定了他。第一句："你这泼猴，一路以来不辞辛苦保护师父西天取经。"这是肯定了孙悟空保护唐僧有功。第二句："这次何故弃师独回花果山，不信不义？"这是批评了他这次弃师不信不义。第三句："去吧！我相信你定能发扬光大，保护师父取得真经。"这是提出期望和目标，激发孙悟空的斗志。

如来佛祖恰好用了心理学上的"三明治效应"。何为三明治效应？它是指人们把批评的内容夹在两个表扬之中，从而使被批评者愉快地接受批评的现象。

我们提出批评是为了解决问题，而不是发泄情绪。三明治式的"二加一"方式很好地给被批评者留了面子。因为自己身上的某一部分价值被看见了，所以对方在这个基础上提出的意见我们会觉得是善意的，也更能接受。

如何把批评变得更高级呢？

1. 赏识、肯定对方的优点。

每个人都渴望被认同和肯定，当我们对对方表达认同时，能塑造良好的沟通氛围，对方会卸下防备心理，也就更能听得进去负面意见。

比如，"妈妈发现你最近学习非常用功，你在英语上取得的进步很大，妈妈很为你感到高兴""老婆，你最近工作很辛苦，我很心疼，看你晚上睡不好，我着急又担心""小王，你最近工作挺卖力，业绩也很不错，当初我没看走眼"。

2. 提出建议、批评或不同的观点。

在肯定对方之后，双方的距离会更进一步拉近，对方也会有一种被理解、被肯定的感觉。在这个基础上，需要进一步提出改进建议，才能促成改变。

比如，"但是，妈妈发现你最近在数学上屡屡因为粗心大意犯错，是你不喜欢数学呢，还是做题的时候走神了呢""但是老婆，我看你最近总是动不动就跟孩子发脾气，虽然我理解你，但这样下去对孩子的成长不利""但最近有同事反映你和大家相处好像不怎么愉快，这是什么原因呢"。

3. 给予希望、信任、支持和帮助。

有了前两步的铺垫，对方对批评和意见大概率能够接受和反思。这时再表达鼓励、信任和支持，让对方在感到愧疚的同时增强改变的动力。

　　还是以上面三个例子为例："不喜欢数学不要紧，后面我多搜集一些包含数学元素的游戏，咱们一起玩，慢慢你会发现数学也是很有意思的！当然，你在做题的时候也要更加专注和认真，尽量避免粗心大意。""可能是我最近工作太忙，没照顾到你的情绪，以致你情绪失控向孩子发泄，后面我会调整，你也要想办法控制自己的情绪，我们一起努力好吗？""作为招你进来的领导，我是很信任你的，相信你不是有意疏远大家的，后面你在跟大家相处时注意一点，不要让别人误会。"

　　这样的批评方法不仅不会挫伤受批评者的自尊心和积极性，还会使对方积极地接受批评，改正自己的不足。

第十节
"南风效应"：温柔的人独具的魔力

不懂理解和体谅，说话做事丝毫不顾及别人感受的人，实在让人无法认同。美国非暴力沟通专家马歇尔·卢森堡说："也许我们并不认为自己的谈话方式是暴力的，但我们的语言确实常常引发自己和他人的痛苦。"

俗话说："良言一句三冬暖，恶语伤人六月寒。"同样是在沟通，有的人在言语和气势上咄咄逼人，让人想要反抗和远离。而有的人却能巧妙解决问题，让自己舒服的同时也给人春风般的温暖，让人愿意靠近。

说话的温度就是做人的温度。冷漠的沟通只会让人逃离，温情的言行才能暖化人心。

我曾听过这样一个故事。一天，妻子正在厨房炒菜，平日里很少在家吃晚饭的丈夫特意回了一趟家，看到妻子正在做饭，丈夫就一直在妻子旁边唠叨："火太大了，油太多了，这个不行……"妻子实在忍不住了，脱口而出："我知道怎么弄，不用你指手画脚……"丈夫没有反驳，而是很平静地对妻子说："我只想让你知道，我开车的时候你在旁边一直唠叨，我的感觉是怎样的。既然你觉得我烦，那我以后就不在你炒菜时乱说话了。"听完丈夫的话，妻子沉默不语。此后，妻子再也不在丈夫开车时指手画脚了。

试想一下，如果丈夫在开车时当场反驳妻子，大概率只会让妻子难堪并激发她的逆反心理，从而引发争吵。同样一件事情，不同的表述方式会给听者带来完全不同的感受，自然也会产生不同的效果。

这就是心理学中的"南风效应"。它源于法国作家拉·封丹写的一则寓言。

一天，北风和南风比威力，想看谁能让行人把身上的大衣脱掉。北风先来了个下马威，它使出全身力气，把凛冽寒风吹向行人，结果行人为了抵御北风的侵袭，把大衣裹得更紧了。而南风不慌不忙，徐徐吹动暖风，顿时风和日丽，行人觉得暖和，便把大衣脱掉了。

很明显，南风取得了胜利。"南风效应"告诉我们：那些温和的人与行为，往往比冷漠、强硬的人和行为更容易得到他人的尊重和服从。冰冷的言语、冷漠的行为往往让人反抗和反感。温暖的言行才会促使人们自行反思自己的行为，从而主动做出调整和改变。

马斯洛需求层次理论认为，人有生理的需要、安全的需要、归属与爱的需要、尊重的需要和自我实现的需要。每个人都需要从他人的语言中获得尊重、理解和认同，而不是刁难和责怪。不会说话的人往往不懂感同身受，常常把对方置于尴尬的境地。会说话的人则能够照顾对方的尊严和面子，让人感到舒服。

田心在《别高估人际关系，别低估人性规则》一书中写道："体谅他人是一个人最高级的教养。用智慧的头脑处理自己的事，用体谅之心对待他人，懂得和这个世界温柔相处更是一个人心态成熟的外在表现。"真正成熟的人懂得善待他人，因为他们知道，给他人留面子也是给自己留面子。善待别人，就是善待自己。

法国作家圣-埃克苏佩里说："世界上最有征服力的武器是语言，一句话可以让一个人的心情跌入低谷，一句话也可以让一个人重振力量。"刻薄的话让人心如刀割，温柔的话让人心情舒畅。

在复杂的人际交往中，如何运用"南风效应"让自己做到游刃有余呢？

1. 换位思考。

生活中，那些只顾及自己感受的人会让人反感。而懂得换位思考，才是真正情商高的人。

美国著名人际关系学大师戴尔·卡耐基讲过"石油大王"洛克菲勒的助手司华伯的一个故事。一天中午，司华伯走进他管理的一家钢铁厂，看到几个工人正在"禁止吸烟"的牌子下吸烟。一位现场主管指着牌子对工人们吼道："你们不识字吗？"工人们非但没有放下手里的烟，还纷纷咒骂那位主管。这时，司华伯走到那些工人面前，给他们每人递上一支香烟，并且说道："嗨，弟兄们，别谢我给你们香烟，如果你们能到外面吸烟，我就更高兴了。"工人们认识到了自己的错误，赶忙收起香烟干活去了。

没有人喜欢被管束和强硬对待。当你顾及别人的感受时，别人才会放下对你的敌意，并且听进去你的劝诫。

2. 以柔克刚。

拉罗什福科说："赞扬是一种精明、隐秘和巧妙的奉承，它从不同方面满足给予赞扬和得到赞扬的人们。"

用奖励和鼓励代替惩罚和批评，往往更能让人做出改变。在一档节目中，李承铉带女儿Lucky（李乐祺）和其他家庭一起吃饭。可是Lucky一直在玩食物，不好好吃饭。这时李承铉没有呵斥Lucky，而是看到旁边别的孩子独立吃完了一个饺子，就夸他很厉害。Lucky听到爸爸夸奖了别的孩子也想得到夸奖。李承铉就赶紧趁Lucky好胜心强时把食物夹给了她，还夸奖她好棒，于是Lucky便开始好好吃饭。

不只在亲子教育中，在所有人际交往中，委婉的态度往往比强硬的态度更容易赢得人心，赞美和鼓励也更能让人做出顺从的举动。

3. 提升自己的"能量层级"。

美国心理学教授大卫·霍金斯通过 20 多年的临床试验，提出了"能量层级"的概念。冷淡、恐惧、悲伤等都属于负能量层级；而爱、宽容、喜悦则属于正能量层级。

生活中，那些总是言语刻薄、没有同理心的人，往往都是负能量层级多的人。他们常常通过贬低别人来抬高自己，寻找心理平衡。而真正内在强大的人不会想要通过在言行上胜过别人获得存在感，而是能够把自己的温暖能量传递给别人。所以，想要被人喜欢，首先就要变成能量的给予者，而不是索取者。

黄执中在节目《奇葩说》里说："人生的困扰，说到底，十有八九问题都出在人际关系上，而人际关系差，十有八九是因为沟通出了问题。"一个不会沟通的人，无异于把自己置于穷途末路。要懂得体谅，给人台阶下；也要懂得尊重，照顾别人的情绪。只有心存善意对待别人，别人才会善意对待你。给别人留余地，也是给自己留退路。

你说什么样的话，你就是什么样的人。你做出什么样的举动，也折射了你有怎样的灵魂。

一个人会说话，懂得尊重别人，将心比心，才能受人欢迎。一个会做事的人，愿意把体面留给对方，以此赢得别人的敬重。越优秀的人，越懂得让人舒服。

第十一节

如何避免掉入"傻瓜定律"

有些人总觉得别人傻里傻气好欺负，其实自作聪明的结果，往往是聪明反被聪明误。

我曾看到一则新闻。上海一位年轻女白领，在商超购物时被店员拦住并报了警。原来商超的工作人员通过调取监控发现，这位年轻女白领在两个月里几乎每天都来这家超市。每次自助结账时她会先拿起一件商品正常扫码，等屏幕上出现金额后，她马上拿起其他商品虚晃一枪，装作扫了码，其实最后她只付了一件商品的钱。

尝到甜头后，她每天都要来这家商超购物，短短两个月偷了50多次，金额高达1000多元。她自以为很聪明，利用漏洞偷东西，不承想一举一动都被监控拍了下来，直到店员报警处理。

还记得海底捞之前遭遇的恶性碰瓷事件吗？倪女士在深圳

市福田区海底捞吃火锅，正吃得开心，突然发现火锅中有异物，于是找来店里的负责人，捞起来才发现，居然是一片卫生巾。倪女士当即提出要求赔偿，眼看围观的顾客越来越多，负责人只好认栽。可倪女士张口就要100万元，然后改口50万元，最后又改口要800万元。负责人当场选择报警。警察和店里负责人沟通后才知道，倪女士竟然是惯犯！

2018年9月27日，倪女士在海底捞消费800元后，情绪激动地打破了很多餐具，经理为了息事宁人，只好退还了这800元。9月29日，倪女士又在重庆印象火锅店吃出了"同款卫生巾"。事情一经爆出，网友评论：本想碰瓷索赔百万元，结果弄巧成拙，自己倒成了笑话。

无论是上海女白领还是倪女士，她们都犯了一个巨大的错误：觉得自己绝顶聪明，把别人当傻子。反正偷一次两次都不会被发现，那就继续偷！海底捞不是服务好吗？那就赔点钱息事宁人吧！可事实是，如果你把别人都当傻瓜，那一定是你自己傻到了家。上海女白领自以为钻了漏洞，得到了眼前利益，结果却丢了工作，还被警方刑事拘留。而倪女士则是被骂上了热搜。

如果一味把别人当傻子，精于手段地算计他人，终有一天这些自作聪明的行为会被人识破，反而会作茧自缚。这也是"傻瓜定律"告诉我们的道理：总觉得别人傻，其实自己才是傻瓜。你是什么样的人，就会觉得别人也是什么样的人。做一个心里有一片大海的人，世界才会回馈你一片汪洋。

如何避免掉入"傻瓜定律"，让自己在生活和工作中更顺利呢？

1. 拒绝"自以为是"。

美国音乐指挥家沃尔特·达姆罗施分享过一段经历。在20多岁时，他就已经当上了乐团指挥，无论到哪里巡演，身边都充满了鲜花和掌声。对此，他有些飘飘然，以为自己的才华举世无双，地位无人能撼动。

一天排练，他忘记带指挥棒，正要派人回家去取，秘书说："不必了，向乐队其他人借一根就行了。"达姆罗施说："除了我，别人带指挥棒干吗？"结果话音未落，大提琴手、小提琴手和钢琴手各掏出了一根指挥棒。达姆罗施突然惊醒：原来就算没有他，乐队演奏照样可以正常进行，有太多人正等着取代他。

做人，千万不要自以为是，更不要轻易看低别人。莎士比亚曾说："愚者自以为聪明，智者则有自知之明。"就连哲学家苏格拉底在面对别人的称赞时，也只会说："我唯一知道的就是我一无所知。"

2. 学习"阿甘精神"。

在电影《阿甘正传》中，阿甘先天智商较低，只有75。别人问阿甘："你是不是有点傻？"阿甘回答："妈妈说，做傻事的人才是傻瓜……"

阿甘智商低下，经常被人欺负，直到成年后还被人追打。可他没有放弃，拼命奔跑，结果误入球场，得到教练的赏识，还加入了球队。在带球过程中，阿甘不停地奔跑，最终为球队赢得了这场比赛，获得了掌声。

从越南战场回来后，阿甘买了船，学着捕虾，靠捕虾成了亿万富翁。可他把一半的股份给了战友巴布的亲人。巴布的亲人纳闷："你是疯了还是傻了？"阿甘却始终记得妈妈说过的话："钱够用就行，多余的钱都是摆阔。"

智商只有75的阿甘，却是真正的大智若愚之人。

自以为很聪明时就不愿下笨功夫，做事就容易浅尝辄止。自以为聪明，以为别人不知，甚至做一些损人利己的事，殊不知，这些事情最后都成了消耗自己能量的事情。这个世界上，聪明人太多了，不妨学着做一个"傻子"吧。

第十二节

"互惠定律"：将欲取之，必先予之

2021年1月，刘德华再次登上热搜！原因是刘德华入驻抖音吸粉5500万，多个"网红"大咖争相跟拍，每条视频的点赞数都超千万。

有华人的地方就流传着他的名字，此言非虚。在"四大天王"中，刘德华未必是唱功最好的，但一定是最重情义的那一个。

说到林家栋这个名字，可能大家都很陌生，但看到他的照片，你可能就知道他是谁了。他是电影《河东狮吼》的主角，出演了《寒战》《反贪风暴》《叶问》《无间道》等多部电影。而最早提携他入圈的，便是刘德华。

几乎刘德华出演的每部电影里都有林家栋的身影，大众往往只记住了刘德华，却不知道林家栋是谁。刘德华不满意这样的结果，对林家栋说："三年里不要拍戏。"更向他承诺："只要不拍戏，干什么都成，工资照结。"

三年里，林家栋不是在钓鱼，就是在看书、旅游。在林家栋放空自我的时候，刘德华的事业遭遇滑铁卢，公司矛盾不断、收入锐减，甚至旗下的艺人都走得差不多了。面临如此窘境，刘德华不想拖累林家栋，可林家栋说："你要我走，我就走；要我留，我就陪你。"

当时林家栋是刘德华公司唯一的签约艺人。三年放空期的沉淀最终让林家栋火遍了大江南北！无论是《无间道》中的林国平，还是《叶问》中的李钊，都给观众留下了深刻的印象。荣获金像奖影帝的那一刻，他说："我愿意用半生的年华报恩华仔，知遇之恩永生难忘。"

很多人说林家栋运气好，出道就有刘德华提携。可是，谁又能说刘德华的运气不好呢？林家栋有情有义，即便在刘德华处于人生低谷的时候也不离不弃。在人际关系中，最大的善意便是：给予就会被给予，信任就会被信任。

你对我友善，我对你也友善；如果你对我不友好，我也不可能友好地对待你。这就是心理学上的"互惠定律"。

讲一个关于晚清富商胡雪岩的故事。

有位商人在生意中惨败，需要大笔资金周转。为了救急，他主动上门，开出低价想让胡雪岩收购自己的产业。胡雪岩在调查后确认此事属实，立刻调来大量现银，并以市场价收购了对方的产业。商人又惊又喜，实在不解胡雪岩为何到手的便宜都不占。胡雪岩称，自己只是代为保管，等他挺过难关，随时可以来赎回属于他的东西。

胡雪岩手下的人不解，为何送上门的肥肉都不吃，于是胡雪岩向他们讲述了自己年轻时的故事。多年前，胡雪岩只是一家店里的小伙计，经常帮着东家四处催债。外出办事遇上大雨的时候，胡雪岩常常帮一些陌生人打伞。时间一长，认识他的人也就多了。有时他忘记带伞都不怕，因为很多他帮过的人也会来为他打伞。

只有当你肯为别人付出时，别人才愿意为你付出。生活中总有人抱着"有事有人，无事无人"的态度，把朋友当作受伤后的拐杖，复原后就弃用。长此以往，人际关系只会越发惨淡。卡耐基曾说："如果我们想交朋友，就要先为别人做些事，那些需要付出时间、体力，以及需要体贴、奉献才能做到的事。"

那么如何利用"互惠定律"让自己的人际关系越来越好呢？

1. 提升自身价值。

美国社会学家霍曼斯提出，人际交往在本质上是一个社会交换的过程，相互给予彼此需要的东西。

在《奇葩说》某期节目中，辩手臧鸿飞分享了他的故事。

臧鸿飞有一个朋友，家庭条件非常好，嘴里常说的一句话是："这个世界上每个人都特别特别好。"后来，这个朋友的父亲投资了几部电影，朋友又说："我发现演艺圈的人都好热情啊，他们对我总是那么平易近人。"臧鸿飞心想："我在娱乐圈混了20多年，发现根本不是这样的。在这个行业里我吃了多少苦，挨了多少饿，遭受过多少白眼。"

后来，臧鸿飞通过《奇葩说》这档节目火了之后，过得比以前好了。他突然发现生活中很多人对他表现出了前所未有的善意。他意识到："我努力成为更好的自己之后，人们就更愿意对我发行'社交货币'了。"

没成名之前，他看到的都是人间的残酷；成名之后，他看到的却是满满的善意。有时我们不得不承认：真正衡量人际关系的是我们的内在价值。一个人有价值，即使他不擅交际，他的人缘也不会太差，因为别人深知他的价值所在。

2. 切勿过度索取。

在电视剧《我的前半生》中，罗子君的前半生都活在过度索取的世界中。她敢穿花八万元私人定制的鞋，进出有保姆帮忙拎包。她在商场看到老公给客户买项链，就敢横冲直撞地跑过去，对着老公的同事冷嘲热讽。她让闺密唐晶查老公公司的女同事，等到老公晚上回家，她等着工作了一天的老公给自己一个解释。

　　这样的罗子君，前半生活在老公的供养里，活成了一个无忧无虑的阔太太，却不知自己的老公早已厌倦，并婚内出轨。本来该被同情的罗子君，如今却遭遇墙倒众人推。唯有闺密唐晶一点点教会她成长，让她靠自己的能力吃饭。可是剧外，所有人都在吐槽罗子君。就像剧中贺涵曾评价她："她以为她是谁啊，所有的人都该围着她转吗？"

　　一味地索取，一味地给予，虽然看似一个愿打一个愿挨，但最终都会使关系走向消极的一面。良性的人际关系，应当遵从"索取应有度，给予应有限"的原则。

　　3. 学会知恩图报。

　　知乎上有这样一个问题："一个人的哪种行为会让你觉得这个人值得深交？"获得高赞的一个回答是："知恩图报。"

　　答主说："大学的时候，同宿舍只有上铺家境一般，其他人都和他保持一定的距离。而且他身体不争气，每次生病他都一个人悄悄出去找小诊所输液。"大二冬天的一个晚上，他高烧不退，答主发现后第一时间把他送去了医院。在答主看来，这是顺手的事情，并没有想过从他那里获得什么回报。后来答主沉迷游戏导致成绩一落千丈，本想浑浑噩噩就这么毕业，可上铺的同学却不希望他就此沉沦，每天喊答主早起去上课，下午拉着答主到操场跑步，美其名曰"跑掉身上的戾气"。

答主不止一次和他吵架，让他少管闲事。可他却从未放弃。一次、两次、三次……答主说："一生能有一个这样的人，拼命拯救你，救你出深渊，你该珍惜了。"

最终答主彻底戒掉了游戏，毕业那年以优异的成绩考上了硕士研究生。上铺的同学成了他这辈子最好的兄弟。

我们每个人心中都有一杆秤。这杆秤衡量着我们和别人的关系，双方的一言一行都会影响平衡。如果二者关系总是不公平，总是失衡，关系就会越来越淡，直至消失。"互惠定律"便是其中的平衡之道。

美国心理学家丹尼尔·戈尔曼说："你让人舒服的程度，决定着你能抵达的高度。"同理，你若能让身边的人感觉如沐春风，你的人际关系自然也不会差到哪里去。

第十三节

因果定律：爱出者爱返，福往者福来

2021年3月，一则新闻让人感动不已。

山东淄博的一位老奶奶每天乘坐89路公交车。因为老奶奶腿脚不便，公交车司机们每次都搀扶老奶奶上下车，还主动帮老奶奶提东西。为了表示感谢，老奶奶连续十多天点外卖给公交车司机。老奶奶要做手术，不知道手术能否成功，于是特意拜托平台外卖员给司机们写信，说估计这是最后一次给他们点外卖了，并再次向他们表示感谢。

几天后，司机们再次收到外卖，里面装的是奶茶。只不过，这次点餐的人是老奶奶的女儿。她留言说，老人已经不在了，感谢89路公交车司机曾经对母亲的帮助。

公交车司机帮助老奶奶，也收到老奶奶的友善回馈。当温暖遇见温暖，善良遇见善良，一切都是那么美好。"爱出者爱返，福往者福来。"生活就是这样，你种下什么因，便会得到什么果。

"因"是好的，那么"果"也是好的；"因"是坏的，那么"果"也是坏的。这便是"因果定律"。

种下仇恨，只能收获仇恨。

季羡林翻译的《五卷书》里写道："聪明的人们就应该尽力去建立友谊，而不应去结仇恨。"一个活在怨恨里的人，是很难感受到幸福的。因为怨恨是一个无底洞，你永远也填不满。

我曾看过一则新闻，上海有两家住在对门的邻居多年一直在斗智斗勇。起因是顾先生在走廊里放了一个柜子，堆放一些不常用的东西。对门觉得他占用了公共空间，作为反击，也在走廊里放了一个柜子。顾先生为了女儿安全，在家门口安装了摄像头，对门邻居觉得摄像头会拍到他家，于是在门外挂了一面八卦镜正对顾先生家。顾先生一家人很恼火，觉得对门在有意挑衅，想让对方拿掉八卦镜。经过协调，两家人总算达成了和解，分别拆掉了摄像头和八卦镜。

可没想到，过了一阵子，对门邻居又挂出一把扫帚，顾先生见状立刻又把摄像头安装了回去。对门的男主人实在看不下去，就拿着环形锁猛砸顾先生家的大门。两家互相怀恨，最后竟失去理智，做出蠢事。

互相仇恨，就像两头带刺的匕首，刺伤别人的同时也弄伤了自己。种下仇恨，就只能收获仇恨。用报复的方式去对待别人，只会给自己招来更大的祸患。

种下幸福，才能收获幸福。

重温了电视剧《京华烟云》后，我感受最深的是，像姚木兰这样的女子，嫁给谁能不幸福呢？她知书达理，善解人意，做事都以家庭和睦为出发点。她的大哥刚结婚就去世了，姚木兰知道大嫂想要孩子，当大嫂把抱养的孩子带回家时，姚木兰真心替她高兴，还一起去求公公赐名字，让公婆接纳这个孩子。

她能够体会公婆主张不分家的良苦用心。当二嫂想要早点儿分家提前得到大量财产时，姚木兰主动把自己家的那份分给了二嫂，不仅替公婆解决了麻烦，也还了这个大家庭一份安宁。面对丈夫荪亚的幼稚和任性，姚木兰给了他改过自新的机会和时间。也正是姚木兰的包容和引导，让荪亚成长为有担当的丈夫。

正因为姚木兰对所有人都极尽理解和体贴，所以她也才自然而然收获了周围人的尊重和善意。

　　美国作家梭罗曾说："任何人都是自己幸福的工匠。"生命中，你播种什么就会收获什么，给予什么才能得到什么。只有那些懂得对别人施以善意的人，才能收获幸福的生活。

　　有人说，人生路是平坦还是崎岖，其实大部分都是由自己的所作所为决定的。生活会有因果循环，你的现状是由过去的自己一手造就的。你现在的所做所想，也会影响你未来的生活。要想未来一片坦途，就要懂得因果定律，首先从自己做起。

1. 先对别人好，别人才会对你好。

　　卡耐基曾说："如果你想交朋友，就要先为别人做些事。"想要被爱，就要先去爱别人；想要被人关心，就要先去关心别人；想要别人对你好，就要先对别人好。

　　所有善意，不过是用人心换人心；所有关系，不过是你真我也真。想要别人对我们友善，我们就要先拿出诚意，只有这样，我们的关系才能随着时间的推移越来越亲近。

2. 懂得吃亏，多铺路，少拆桥。

　　李嘉诚说："多栽树，少种刺；多铺路，少拆桥。"这是他商业成功的秘诀之一，也是他经商多年为人处世的准则。他还反复叮嘱儿子李泽楷："在与人合作时一定要懂得吃亏，懂得让利，这样合作伙伴才会越来越多。和别人合作，假如你拿七分合理，八分也可以，那只拿六分就好了。让别人多赚两分，每个人都知道和你合作会占便宜，就会有更多的人愿意和你合作。"在李嘉诚看来，与人合作不应只考虑自己的利益，而是应当追求双赢。

司马迁在《史记》中写道："天下熙熙，皆为利来；天下攘攘，皆为利往。"为了自身利益斤斤计较，只会丢了情谊；多为对方着想，懂得吃亏，人生的路才能越走越宽。

3. 学会宽容，主动和解。

冤冤相报，终究害人害己；友好化解，才能成全双方。

春秋时期，魏国和楚国相邻，两国的百姓都喜欢种瓜。不巧，有一年春天天气干旱，两国的瓜苗都长得很慢。魏国的百姓每天晚上挑水去浇瓜，几天后，瓜苗长势明显好了起来。楚国的百姓见此非常嫉妒，就有人晚间偷偷潜到魏国的瓜地里踩瓜秧。魏国人十分气愤，决定以牙还牙。

得知这一情况，魏国一个叫宋就的大夫说："如果你们一定要去报复，最多解解心头之恨，可以后他们同样不会善罢甘休。如此下去，双方互相破坏，谁都不会有好的收成。"他提出了一个解决办法，魏国人每天晚上去给楚国人的瓜地浇水。楚国人颇为感动，自惭形秽。此后，两国百姓冰释前嫌，相互交好。

愚者困己，智者利人。学会宽容，既是善待他人，更是善待自己。

英国哲学家培根说："懂得事物因果的人是幸福的。"这个世界上，所有的事情都是有因果的。给出友善，同样的友好就会回到我们身上；激起仇恨，翻倍的痛苦也会回到自己身上。帮助他人，就是善待自己；尊重他人，就是敬重自己；怨恨他人，就是折磨自己；贬低他人，就是贬损自己。聪明人懂得：种下幸福，才能收获幸福；种下仇恨，只能收获仇恨。

第十四节

矛盾选择定律

英国心理学家P. 撒盖提出了"手表效应"，它又叫"矛盾选择定律"。即一个人如果只有一块手表，那么他就可以准确地知道时间。可他如果拥有两块或两块以上的手表，就不仅难以确认准确的时间，还会被扰乱判断准确时间的信心。

人生也是如此。一个行为准则、一个价值取向能帮助我们从容生活，多个行为准则反而会让我们如同站在风暴中，无处可依。人生最可怕的是什么？不是失败，不是那些看不到希望的时刻，而是参照许多行为准则，像无头苍蝇般乱飞，自我消耗。我们难免看不清对自己最重要的东西，为了得到自认为重要的东西，甘愿拿对自己真正重要的东西去冒险。等回过头才发现，那些我们本该珍视的人和事早已从手中溜走。

在一个家庭中，如果父母对孩子的教育理念一致，孩子就能毫无顾虑地成长。可如果父亲拉着孩子往左，母亲拉着孩子往右，孩子该往哪走呢？

姜思达曾谈到父母离婚后，他和妈妈在一起时，听到的都是爸爸多么不好；和爸爸在一起时，听到的又全是妈妈的不是。在截然不同的信息中，他不知道该相信什么。他说："现在我很难相信别人，哪怕这个人再好，我也保持着警惕和戒备。"

这样的现象在三代人的家庭中就更为常见了。年轻的父母和老一辈在如何带娃的问题上，从吃饭、穿衣到每一句话都会有不同的想法。年轻的父母说要孩子学会独立，自己吃饭，如果他不吃，饿几顿就好了。可一转头，老一辈正拼命追着孩子喂饭呢。年轻的父母认为要常常肯定孩子，帮他建立自信。可老一辈却常常对孩子说："你不听话，你胆小，你爱哭。"年轻的父母希望孩子感到富足，多享受童年的快乐。老一辈却总对孩子絮叨："家里穷，你父母为了你多辛苦，要听话懂事。"在多个行为准则的要求下，孩子难免会无所适从。

我的大学同学纭纭上个月作为人力资源专员入职新公司，夹在老板和老板娘中间左右为难。老板想招技术人才，学历要高，能力要强；老板娘却说学历低没关系，重要的是便宜好用。筛选出的简历先给老板娘过目，再给到老板手上。于是老板娘骂她，老板也骂她。纭纭整天受气，直呼快疯了。

在多个行为准则、多种价值取向下，我们普遍会进入认知盲区，感到困惑、不安，甚至会怀疑自己、攻击自己，认为都是自己的问题。

那该如何确立自己的原则，避免"多个手表"呢？

1. 建立你的内在评价体系。

有的人选择一份工作是因为父母觉得这份工作好，有的人结婚生子是因为身边亲朋好友都结婚了，有的人懂事勤奋是因为渴望被所有人喜欢。心理学家艾里希·弗洛姆说："只要观察一下大部分人的决策过程，就可以发现人们错误地认为决定是'他们'自己做出的，而实际上他们做的决定是屈从于传统、责任或明显的压力的结果。"以外界的评价来判断自己的价值，就会像浮萍一样找不到安心落脚之处。多年以后他们总会在某天醒来，然后纳闷道："我怎么就变成了这样？"

试着去建立属于自己的评价体系，问问自己："对我而言，什么才是真正重要的？"

2. 精简你的目标。

哈佛大学曾做过一项研究：3%的年轻人有明确的长期目

标，10%的年轻人有清晰的短期目标，60%的年轻人有较为模糊的目标，剩下27%的年轻人则处于没有目标的状态。25年后，那3%的人成为各行各业的成功人士，10%的那部分人处于社会中上层，60%的那部分人生活安稳，处于中下层，而那27%的人处于社会底层，大多靠社会救济过活。正如耶鲁大学教授约翰·刘易斯·加迪斯在《论大战略》中谈到的：那些有着清晰目标的人，即使走得慢，也能成为自己想要成为的人。

有方向的努力往往事半功倍，而漫无目的地奔跑只会让人疲惫不堪。如果你有很多目标，那么"放弃"就是你必不可少的能力。什么都想要，最终什么都无法得到。试着列出目标，并排出顺序。有舍才有得。

3. 从失败中学习。

1982年，瑞·达利欧在从业第8年时，预言美国的经济正在走向萧条。错误的预测给他带来了灾难性的后果——公司破产。为了维持生活，他不得不卖车，还向父亲借钱。他审视失败后，问了自己一个问题："想象一下，为了拥有美好的生活，你必须穿越一片危险的丛林。你可以安全地留在原地，过着普通的生活；你也可以冒险穿越丛林，过着绝妙的生活。你会做出怎样的选择？"

　　一败涂地后他决定穿越丛林，并努力确保自己不在途中死亡。他从失败中总结出了与之前截然不同的思维方式：从确信"我是对的"到问自己"我怎么知道我是对的"。然后以此为基础，列出三种具体的方法：找到与自己观点不同的最聪明的人，以便能够理解他们的思维；知道自己在什么时候不能有明确的意见，不急于下结论；逐步归纳永恒和普适的原则，对其进行测试，并将其系统化。

　　你看，失败并不可怕，反而可能是通向成功的钥匙。它可以帮助我们找到那些真正重要的、通向目标的道路，也帮助我们重建生活的原则。

第十五节

圈子定律：你只需要和150个人打交道

你知道猩猩每天需要给多少个同伴梳毛吗？

英国进化学家罗宾·邓巴经研究证实，猩猩通过梳毛互相交流，这种独特的语言会在150个同伴之间传播。猩猩是群居动物，同伴越多意味着群落力量越强大，可同伴再多也不会超过150个。

为什么呢？为了找到答案，邓巴开始研究英国人寄圣诞贺卡的习惯。他发现，每个英国人寄出的贺卡平均数量是153.5张，大约寄给154人。我们总认为"朋友越多越好"，但无论猩猩还是人类，我们有效社交的上限都为150人。这意味着，即使你有成千上万的朋友，但真正对你的生活起推动作用的，只有约150人。

这一颠覆性的发现被称为"圈子定律"，即人最多只能和150人建立实质关系。建立关系的人数量越多，成员之间的关系反而越淡。150人是我们人际交往的上限，在这个圈子里，我们了解这些人是谁，并且愿意拓展他们和我们的具体关系。最重要的是，我们能够通过这150人找到社交和生活的真谛。

"一次性"一词入选《柯林斯词典》年度词汇后，"一次性社交"火了。无数年轻人在朋友圈感慨自己的"一次性社交"："有人新加了好友，互相发了一个'你好'，从此就不再联系，几年之后连人都找不到了。""有人参加了学习小组，组员们互相约定'以后一定要经常联系'，结果第二天就抛诸脑后，第三天连对方的联系方式都已经忘记了。""有人认识了新的异性，想着什么时候见面一起吃顿饭，结果很快被其他事情转移了注意力，再联系对方时发现自己已经被拉黑。"

但你知道吗？一次性社交太多，恰好说明了你根本不需要那么多朋友。认识新朋友的数量是无限的，但真正能推动你生活的朋友数量十分有限。人脉再多，关系也不见得好。把有限的时间花在有限的人身上，才能产生真正的交情，打造真正适合自己的生活。

"爱所有人，信任少数人，不负任何人。"莎士比亚这句话道出了人际交往的准则，可生活中总有这样那样的原因让人不得不和自己并不喜欢的人打交道。

　　一次聚会，闺密带着甜橙认识了自己的女同事们。虽然没有太多交集，甜橙也不喜欢和陌生人打交道，但闺密说："一辈子那么长，你总有有求于人的时候，多个朋友多条路。"甜橙觉得很有道理，于是在聚会上很热情地和女同事们打招呼，聚会结束后还加了她们每个人的微信，时常给她们的朋友圈点赞。

　　久而久之，甜橙和女同事们便熟络起来。女同事们逛街聚会时常也会叫上甜橙一起，但吃喝玩乐多半都是甜橙买单；甜橙的工作是进出口贸易，女同事们就时常托她代购一些国外奶粉，她也一一帮忙。时间长了甜橙有些受不了，可是看在闺密的面子上，她又不好说什么。直到一次聚会，甜橙的好友也参加了。

　　面对这些陌生的女同事，好友很客气，也有些高冷，似乎一点也不打算和她们交朋友。好友被冷落在一边，甜橙悄悄问她，为什么平时亲切的她现在这么高冷。好友解释说："如果不是你在这里，我根本就不会参加这场聚会。就算我热情地认识了她们，事后双方也没有交集。我精力有限，何必花那个工夫呢？"

甜橙瞬间明白了，好友是想把有限的时间留给有限的好友。这些女同事只是过客，并不会走进自己的生命，好友正是因为想通了这点，才有了一种"无所谓"的淡然。生活是个圈，年纪越大，圈子里的人越多，留给陌生人的空间就越窄。他们当中有的人或许会和你畅聊一夜，但你们的关系并不会因此变得亲密。

邓巴认为，我们生活中最亲密的朋友只有3～5人，他们是你的挚友；好友有12～15人，这些人的去世会给你带来重创；普通朋友有50人，你们偶尔会想起彼此；剩下的都是普通熟人，你们不常联系，甚至不联系。

年轻时我们总想多认识一些"人脉"，但随着年龄的增长你会发现，新认识的人越多，你花费在每个朋友身上的精力就越少。

处理好自己的社交圈子，是成年人的必修课。

有的人交朋友随心所欲，朋友虽多却常常忘了联系，导致与真正的友谊失之交臂；有的人因为害怕孤独尽可能多地交朋友，但融入的圈子大多不适合自己，到头来没几个志同道合的伙伴。你如果一开始就知道自己一生只能和大约150人产生实质性的联系，或许就能少做很多无用功。

如果你不知道该怎么打造高质量的圈子，下面三个诀窍提供给你。

1. 学会"断舍离"。

日本作家山下英子在《断舍离》一书中阐述了"断行、舍行、离行"三个概念。这三个生活诀窍在人际关系中也非常适用。

人际关系中的断舍离就是，不留恋不需要的人，淡忘无用之人，脱离对花花世界的迷恋。这里的"需要"和"无用"不只是利益往来，更指情感滋养。比如，一个总是带给你负能量、怨天尤人的朋友，每次聊天都让你觉得情绪备受打击，那就真的没必要和他继续保持联系。

2. 运用"不值得定律"。

我们交友时常有个误区，认为自己必须交到某个朋友，却从未想过自己能否心甘情愿、不求回报地对他好。

美国心理学家马斯洛认为，被尊重、被关注是人类普遍存在的需求，我们最好的朋友不一定要十分优秀，但一定要足够尊重和关注我们。

"不值得定律"的关键就在于，我们总是在"必要"的时候交朋友，比如聚会时互相加微信，可我们心里知道，这些朋友不一定值得交，事后也不会有太多联系。而那些足够尊重和关注我们的朋友，我们愿意为他们付出、对他们保持关注、和他们维系友谊。因为我们知道，他们更"值得"交往。

相信自己的判断。只要内心判断某个人"不值得"交往，就把他抛诸脑后。不要害怕得罪人，毕竟人家也没有把你放在心上。

3. 活用"好感度"标准。

山下英子说，无论东西多贵、多稀有，能够按照自己是否需要来判断的人才足够强大。可生活中我们往往反其道而行之，用某个人是否足够有钱、是否足够优秀来判断他是否值得结交。这导致我们拼尽全力"讨好"来的友情，最后往往因为双方不够"势均力敌"渐渐变淡。

为什么会这样呢？将心比心，如果你真的把某个人放在心上，对方是一定能够感受到的，并会给予回应；如果你只是因为对方有钱才跟他交朋友，内心其实很厌恶他，对方同样能感受得到。

如果你对一个人有好感，比起对方是否成功，你会更关心他成功路上吃过的苦头；比起对方是否有钱，你会更在意他有趣的灵魂。优秀的社交是"高山流水觅知音"，好的关系没有那么多的野心和欲望。正因为利益的考量变淡了，情感部分才会更加醇厚。

我们和他人相处的时间至少占人生时光的一半。寥寥150人的社交圈不只是生存必需，更能教会我们如何去爱，如何被爱，以及如何爱自己。朋友之间的交集越多，越能打造出一个真正适合自己的社交圈子。圈子的价值不在于大，而在于你是否清楚每个朋友在自己心中的分量。正如那句脍炙人口的话："人这一辈子，遇到爱，遇到性，都不稀罕，稀罕的是遇到了解。"

若你无心培养友谊，认识成千上万的人也无济于事；若你心有羁绊，和150人打交道就足以让你活得精彩。

第十六节

富兰克林效应：真正的成熟，
从学会麻烦别人开始

　　2020年，电视剧《爱的厘米》热播。女主角关雨晴和男主角徐清风这对"欢喜冤家"的关系走向也牵动着观众的心。关雨晴是一位外表高冷的优秀女机长，因为一直没遇到让自己心动的人，成为大龄未婚女青年。徐清风是一位医术高明的心外科副主任医师，他渴望爱情和婚姻，却因为妈妈控制欲极强，他知道不管和谁步入婚姻，妈妈都会横加干涉，所以索性就不结婚。

　　两人都不想和各自的原生家庭有牵绊，分别从家里搬出来住，没想到成为邻居后，两人的关系发生了微妙的转折。关雨晴的大衣开线了，自己家里没有线，于是去找隔壁的徐清风帮忙；关雨晴的姐姐家孩子动手术，关键时刻徐清风过去救急，关雨晴给徐清风送礼物作为答谢。

一来二去，两人从初次相识到一点点靠近，渐渐互生好感。

有人说，让别人爱上你的最好的方式不是你对别人好，而是引导别人对你好。很多人在父母的教育引导下，总想做一个独立的人，不喜欢麻烦别人。可是，不会麻烦别人的人就像一座孤岛，让周围的人无法靠近，他自己也感受不到外界的温暖。会麻烦别人是一种人生智慧。两个人能够互相"麻烦"，感情才能越来越深。

从不互相麻烦的关系，终究会变成一潭死水。

"你为什么不愿意麻烦别人？"一位网友的回答揭示了大多数人不愿给别人添麻烦的原因："有时候我遇到困难或问题，想请他人帮忙，但总觉得太麻烦人家了，害怕浪费他们的时间，毕竟自己也没为对方带来什么好处。所以，我总是会自己一个人把事情搞定，哪怕很辛苦。"

很多人从小很独立，不愿给别人添麻烦；或者害怕亏欠他人，担心自己帮助不了别人；又或者因为曾经被拒绝过，害怕再次遭到拒绝，于是变得不再信任别人。久而久之，他就容易陷入越来越不敢麻烦别人的怪圈。

有人说，成年人的独立和坚强是从不敢麻烦别人开始的。我们总以为不麻烦、不打扰就是友好的相处方式。但一个人太过独立会让人觉得他冷漠，太过坚强又会让人觉得他在刻意疏远人群。

韩剧《请回答1988》里，独自持家的阿泽爸爸从来不喜欢麻烦别人，平日里总是沉默寡言，与其他几家略显生疏。有一天，阿泽爸爸突发脑出血，幸好被德善爸爸看见，及时送他去医院。住院期间，因为儿子在棋院训练，阿泽爸爸只能自己照顾自己。他打着吊瓶上厕所很困难，但也没找人帮忙。后来是邻居们看到他的难处，主动轮流给他做饭、送饭，照顾他，还帮他看店。

经历这次住院，阿泽爸爸感受到了被人帮助的温暖，此后他也开始学着"麻烦"别人。要回老家办事，他会麻烦邻居帮忙看店；阿泽出国比赛，自己不能陪同，就拜托邻居德善前去照顾。

不愿麻烦别人的人，不敢消耗人情，却也往往会错失与人交好的机会。适当地麻烦别人，不仅不会消磨关系，反而会增进感情。

真正的好人缘，是从"麻烦别人"开始的。

心理学上有一个"富兰克林效应"，源于这样一则故事。

在富兰克林还只是美国宾夕法尼亚州的一名州议员时，他想争取一位国会议员的支持。可是这位议员曾在公开演讲中反对过富兰克林的言辞，一时间富兰克林不知道该怎么办。

富兰克林无意中打听到，这位议员的家里有一套极为稀缺的图书，于是十分恭敬地给这位议员写了一封信，厚着脸皮向他借书。没想到这位议员竟然同意了，并且几天后两人见面时议员还主动和富兰克林打招呼，表示愿意为他再次提供帮助，两人也因此成为好朋友。

这就是著名的"富兰克林效应"——让别人喜欢你的最好方法不是去帮助他们，而是让他们来帮助你。简言之，麻烦别人是一种反向获得人脉的方法。

很多人觉得麻烦别人是件很不好的事情，宁愿沉浸在自己的世界里独自承受。遇到难事，不愿意麻烦别人，只想一个人默默扛过去；遇到烦心事，想找人倾诉，却害怕耽误别人时间。于是，很多关系就止于"认识"。

换个角度想想，你去麻烦别人，往往能够让对方感到被需要和被信任，觉得彼此是"自己人"。所以，麻烦别人不只能给自己带来好处，对别人来说，更是一种自身价值的体现。主动麻烦别人、寻求帮助，也是一种示好，就像是给对方抛出友情的橄榄枝，既让对方感到被认可，也为自己收获好人缘。

武志红说："很多人怕麻烦别人，但是，不麻烦彼此，关系也就无从建立。"

每个人都不喜欢孤独，在与人交往中我们才能感受到爱和温暖的力量。学会利用富兰克林效应构建人际关系，你就能远离孤独，成为备受欢迎的人。

学会正确"麻烦"别人，才能赢得别人的好感。

1. 与人建立联系的第一步就是主动请求帮助。

不愿麻烦别人的人往往给别人一种距离感，愿意麻烦别人的人反而更受欢迎。

电视剧《小欢喜》里，方圆和季胜利两个老同学时隔十多年未见，变得非常生疏。面对身居官位的季胜利，方圆这个平民百姓想套近乎却不知如何开口。后来还是季胜利主动请方圆帮忙，他提出搭乘方圆的车，还让方圆教他煲汤。季胜利想让儿子去宋倩那里补课，知道方圆的妻子和宋倩关系好，于是让方圆帮忙搭个话。渐渐地，两人的关系亲近起来。

好的关系是可以相互"麻烦"的。敢于麻烦别人，才是一段关系的正确打开方式。有时候主动向下寻求帮助，更是一种人际交往的智慧。

2. 学会利用价值交换构建人脉关系。

价值交换理论认为，人与人交往的本质是价值交换。只有当双方的价值对等时，这段关系才会长期维系下去，并且不断加深。当然，这个价值不单指物质层面，还包括精神层面和思想层面。

2017年年初，董卿首次担任制片人，打造了《朗读者》这个品牌。在第四期节目中，董卿特意请倪萍作为嘉宾。董卿回忆起自己刚做主持人时倪萍对自己的帮助，也感谢她能来自己的节目。后来，在综艺节目《声临其境》年度总决赛中，倪萍作为竞演演员使出了"杀手锏"，请董卿来给自己助阵。尽管倪萍阔别主持人舞台已久，两人不再共事，但友谊有增无减。

最好的人脉关系是彼此需要，能够实现双赢的关系方能长久。

3. 麻烦别人，需要界限和分寸。

记得《奇葩说》节目中有一个辩题是"麻烦别人算美德吗"，有人说出了"麻烦"这两个字的关键："超出了两个人之间的人际关系高度，就叫添麻烦。"

恰当地麻烦别人，需要界限和分寸。麻烦别人，只有在对方的能力范围之内，也在两人关系程度的范围之内，才能称为

"恰当"。学会适时适度地麻烦别人，是一个人真正走向成熟的开始。能麻烦朋友的事情，不麻烦同事；能麻烦家人的事情，不麻烦外人。麻烦别人后给予适当的回报，才是最合理的相处方式。

人生这个舞台，与其一个人唱独角戏，不如互相成就。不懂得互相麻烦，两个人只会在互相冷落中渐行渐远。学会正确地麻烦别人，才能让彼此的关系愈加紧密。